Maurice MAINDRON

Le Naturaliste amateur

PETIT GUIDE PRATIQUE

PARIS — LIBRAIRIE LAROUSSE.

LE
NATURALISTE
AMATEUR

DEUXIÈME ÉDITION

MAURICE MAINDRON

LE NATURALISTE AMATEUR

BOTANIQUE, ZOOLOGIE
MINÉRALOGIE, GÉOLOGIE
OUVRAGE ILLUSTRÉ DE
166 GRAVURES

PARIS — LIBRAIRIE LAROUSSE

Rue Montparnasse, 17. — Succursale : rue des Écoles, 58 (Sorbonne).

AVANT-PROPOS

D'une manière générale, l'amateur d'histoire naturelle doit être doublé d'un excursionniste actif, car ce n'est pas dans le silence du cabinet et dans la seule société des livres qu'il pourra se familiariser avec les objets de ses études. Récoltez d'abord des animaux, des minéraux, des fossiles, des plantes. Puis, avec des ouvrages élémentaires, vous arriverez peu à peu à trouver les noms de vos échantillons, et ainsi vous joindrez la pratique à la théorie. Mais il faut avant tout être un praticien, car c'est une tendance un peu trop particulière à notre époque que de s'imprégner exclusivement de la science des livres, science qui ne suppléera jamais à l'étude directe de la nature.

Il faut donc excursionner le plus possible, sans se croire pour cela obligé à entreprendre de grands voyages. L'expérience apprendra vite quelles sont les bonnes localités, et à mesure qu'on se spécialisera on étendra le cercle de ses recherches. C'est ainsi qu'aux environs de Paris il est des endroits absolument remarquables où la constitution géologique du sol, son exposition, déterminent une flore et une faune presque méridionales ; tels sont les fameux coteaux de Bouray-Lardy (Seine-et-Oise), telle est la forêt de Fontainebleau. Mais le débutant pourra, avant de visiter ces régions, excursionner utilement dans les environs immédiats de la banlieue, scruter les fossés des fortifications, les terrains vagues, les bords de la Seine, les bois de Boulogne et de Vincennes. Si l'on se trouve à la campagne, la chose devient plus facile encore et l'on peut, sans sortir d'un jardin ou d'un parc, faire les trouvailles les plus intéressantes.

En principe, il n'y a pas de localité si aride, si pauvre qu'elle paraisse, qui ne puisse être battue utilement et fournir des échantillons remarquables. Ce qu'il faut à l'amateur d'histoire naturelle, c'est ce « feu sacré », cet amour de l'étude, cet enthousiasme de chasseur, sans lequel il ne fera pas grand'chose de bon. D'ailleurs, à notre époque, le goût des sciences semble primer tous les autres et l'histoire naturelle, jadis méprisée et à peine indiquée dans les programmes, prend un rang prépondérant dans les matières d'examen. Chacun s'y intéresse donc et est obligé, pour ainsi dire, de l'étudier.

Mais, nous ne saurions trop le répéter, le livre ne peut suppléer à la vue des choses : un recueil de planches de botanique ne vaut pas un herbier ; une collection d'animaux est encore le meilleur livre d'histoire naturelle. C'est pourquoi il faut rassembler des objets, les manier, pour apprendre à voir.

Pour récolter, il faut excursionner. L'excursion à pied est toujours la meilleure, car pendant la route on ne cesse de ramasser des échantillons, on se rend compte des changements successifs des terrains par la variété des animaux et des plantes.

Fig. 1.

Bâton
d'excur-
sion.

La tenue de l'excursionniste doit être simple, légère et commode. Le costume de velours nous a toujours paru le meilleur, parce qu'il est le plus solide et résiste bien à la pluie, avantage que ne présentent pas les vêtements de toile de drap ou de coton. Un veston à nombreuses poches est absolument utile. Pour les chaussures il faut, suivant la nature du terrain, mettre de gros souliers de chasse ou simplement de vieilles bottines qui ne fatiguent pas les pieds. Les guêtres de toile sont très commodes, mais les houseaux le sont davantage, parce qu'ils n'ont pas de sous-pieds qui se déchirent. Le chapeau de feutre, remplacé au moment des chaleurs par un chapeau de paille, ne devra pas avoir de ces bords trop larges qui donnent prise au vent.

Il faut posséder une bonne canne ou mieux un bâton d'excursion de 1ᵐ,30 environ de hauteur, un peu plus fort que le pouce, et fait de cornouiller préférablement à l'épine (*fig.* 1). Ce bâton (A) sera recourbé à son extrémité en crosse d'évêque (B), afin de pouvoir crocher des plantes au fond de l'eau, des objets dans les trous, etc. Sa pointe (C)

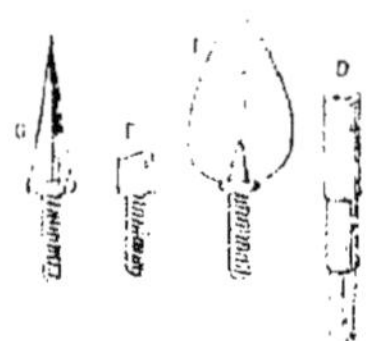

Fig. 2.

D, douille en acier à laquelle s'adaptent : E, bouterolle empêchant l'usure; F, houlette; G, pointe pour les excursions en montagne.

sera munie d'une douille D (*fig.* 2) en acier, filetée, sur laquelle on pourra visser divers outils, dont voici l'énumération.

D'abord une simple bouterolle E obtuse, servant dans la marche à empêcher la canne de s'user. On la remplace dans les montagnes par une pointe G et, quand on veut fouiller la terre, par une houlette F dont la grandeur et la forme varient suivant le goût de chacun. D'ailleurs, le premier forgeron venu fabriquera facilement tous ces petits outils qu'il faut avoir soin de commander en acier bien trempé, puis recuit au bleu azur ou mieux queue de paon.

Fig. 3.

Sac à bretelles pour excursions.

Cette canne est à peu près indispensable à l'excursionniste, quelle que soit la branche d'histoire naturelle à laquelle il s'adonne, car elle sert à monter divers outils et instruments dont nous parlerons par la suite.

Une gibecière ou musette de toile pour le géologue et l'entomologiste, une boîte de fer-blanc pour le botaniste, sont aussi deux choses indispensables. Certains amateurs soigneux et grands chasseurs préfèrent — surtout les zoologistes qui ont besoin de nappes, cribles, etc. — une espèce de sac de forme militaire, qui se fixe au dos par des bretelles (*fig.* 3). Ils y trouvent l'avantage d'avoir toujours les mains libres et de ne pas avoir au côté une gibecière ou une boîte qui descend sans cesse quand on se baisse, surtout lorsqu'on n'a pas pris la précaution de l'attacher par un point à la ceinture. Ce sac est très commode parce que, dans une excursion un peu longue, on peut emporter des provisions; il est surtout utile dans les promenades faites à deux ou trois, parce qu'on le porte à tour de rôle et que l'un des amateurs peut y fouiller sans qu'il soit utile de décharger le porteur. Le parapluie que l'on voit représenté page 115 est utile en toutes circonstances, mais il est indispensable pour la chasse aux insectes.

Quant au parapluie envisagé dans son rôle habituel, nous lui préférerons toujours un manteau de caoutchouc comme plus léger et meilleur protecteur.

Il ne faut pas oublier de se munir, surtout dans les excursions un peu longues, de quelques produits pharmaceutiques et instruments de chirurgie : ciseaux fins, petit scalpel, pinces fines, acide phénique, taffetas gommé ou gaze phéniquée, bande de toile. On trouve aujourd'hui chez les marchands naturalistes des petites trousses toutes préparées, peu coûteuses et extrêmement pratiques.

La trousse est, extérieurement, en maroquin noir; les fioles sont garanties par des tubes en fer-blanc. Elle renferme :

Étui porte-nitrate.	Porte-goutte en verre.
Pinceau.	Pinces fines.
Petits ciseaux droits.	Bistouri.
Lancette.	

Six fioles contenant :

Alcali volatil.
Acide phénique.
Teinture d'arnica.

Perchlorure de fer.
Sulfate de quinine.
Laudanum.

Il faudra toujours joindre à ces diverses drogues de la gaze phéniquée, du coton phéniqué, quelques chiffons bien propres, une bande de toile et quelques épingles. Si l'on est mordu par une vipère, piqué par un insecte venimeux, on aura ainsi sous la main de quoi se panser rapidement. (Voyez page 79.)

L'hygiène générale des excursions est simple ; il faut prendre les précautions nécessaires pour ne pas se refroidir, et éviter de boire de l'eau trop fraîche quand on est en transpiration. Il est toujours utile de couper cette eau avec quelques gouttes d'eau-de-vie, d'acide citrique, ou d'essence de café. Le mélange d'eau et de café légèrement sucré constitue la meilleure et la plus saine des boissons. Dans les pays riches en sources vives, on se contentera d'emporter une fiole de café très fort et une pochette en cuir verni pour recueillir l'eau. Mais en principe nous recommanderons de boire toujours le moins possible quand on est en marche, car ce n'est pas un moyen d'éteindre sa soif, surtout par l'ardeur du soleil ; de plus, on augmente la transpiration, toujours fatigante. Emporter plusieurs mouchoirs est une excellente précaution, car pendant les grandes chaleurs il est indispensable d'en mettre un sous son chapeau pour atténuer la transpiration. En outre, si l'excursion est longue, dans un pays difficile, marécageux, on fera bien d'emporter une paire de chaussettes de rechange, pour pouvoir s'en servir au retour et ne pas garder les pieds humides.

Toutes ces petites précautions peuvent paraître puériles et elles prêtent aussi à rire. Ne vous en inquiétez pas : tout homme qui agit et qui travaille s'expose par cela même à la critique.

Enfin nous recommanderons aux excursionnistes de se munir toujours d'une bonne carte, bien détaillée, de la région qu'ils explorent. Ainsi ils gagneront un temps précieux sans s'exposer à des allées et venues inutiles, et meilleur sera le résultat de

leurs courses, surtout s'ils ont eu le courage de faire une petite
enquête préliminaire sur la nature du sol, enquête facile avec la
carte géologique de France et quelque bon traité élémentaire de
géologie.

Les jeunes amateurs qui habitent Paris trouveront en outre une
précieuse source d'enseignements pratiques en suivant les excursions que dirigent, presque tous les dimanches, les professeurs du
Muséum (Jardin des Plantes). Les programmes de ces excursions
sont affichés longtemps à l'avance sur les grands monuments
publics et le prix des places en chemins de fer est très réduit. A
s'associer à ces travaux les débutants acquerront des notions
solides et variées et ils se créeront des relations parmi les savants
qui les aideront plus tard à déterminer leurs collections.

BOTANIQUE

I. — RÉCOLTE DES PLANTES.

Pour récolter les plantes, pour herboriser, suivant le terme consacré, il faut être muni de quelques instruments peu nombreux et peu coûteux pouvant se réduire à une boîte cylindrique en fer-blanc, du modèle classique, dite boîte à botanique, d'une espèce de courte bêche ou houlette pour déraciner les plantes, d'étiquettes en papier ou en parchemin, de quelques sacs en papier et de quelques boîtes à pilules.

Outillage.

La boîte de botanique (*fig.* 4) en fer-blanc peint et verni pour éviter la rouille, doit avoir 50 à 60 cm. de long, et son couvercle doit être à peu près de la même longueur, c'est-à-dire que son ouverture doit être aussi large que possible afin que les plantes puissent y entrer facilement. Le système de fermeture le plus simple devra toujours être préféré. Un modèle très commode, très usité et qu'on trouve couramment dans le commerce, possède un compartiment A, s'ouvrant sur le côté, et dans lequel on peut mettre des instruments ou des petites plantes délicates. La courroie par laquelle cette boîte se porte en bandoulière sera aussi large que possible, pour ne pas blesser l'épaule; elle peut être remplacée par une sangle, et on la serre à volonté au moyen d'une boucle C.

Certains botanistes trouvent plus commode d'employer une sorte

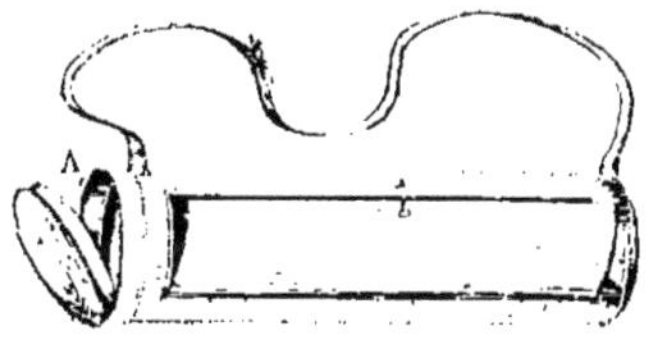

FIG. 4.

Boîte de botanique en fer-blanc peint
et verni.

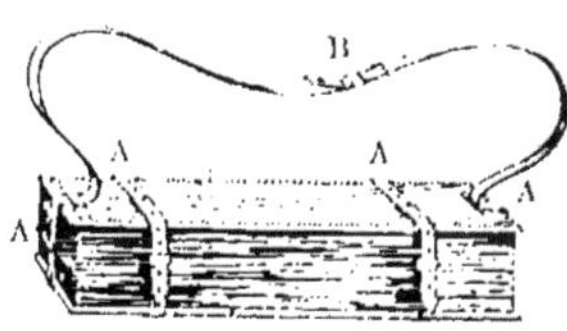

FIG. 5.

Cartable pour la récolte
des plantes.

de registre ou *cartable* (*fig.* 5), composé de feuilles de papier épais reliées entre deux couvertures de carton fort, recouvertes de toile collée ou de cuir, et que l'on serre à volonté au moyen de courroies A. Une autre courroie B sert à porter ce cartable en bandoulière.

Mais nous recommandons aux débutants d'employer la boîte en

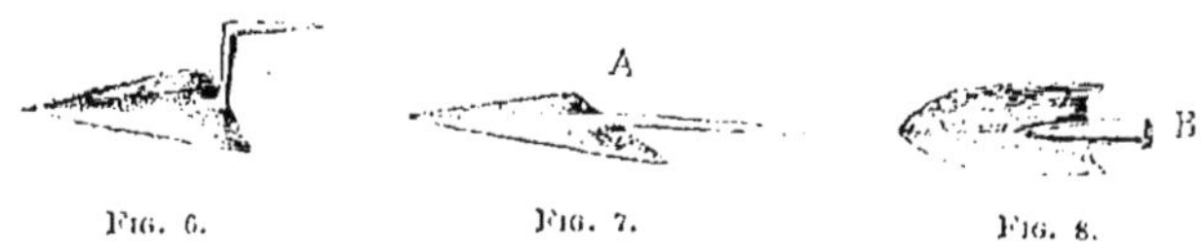

FIG. 6.   FIG. 7.   FIG. 8.

Transformation d'une truelle en instrument à déraciner les plantes.

fer-blanc, comme plus commode, plus maniable, et parce qu'elle peut servir à renfermer quantité d'objets que ne peut recevoir le cartable : ainsi les champignons, les mousses, les échantillons de fruits, graines, etc.

La houlette se fixe après la canne, comme nous l'avons expliqué plus haut, mais on peut la remplacer par des piochons ou des écorçoirs dont, quel que soit le modèle, la qualité principale doit être la solidité. Ces instruments doivent être faits d'acier forgé et trempé, recuit au bleu, et solidement emmanchés. On peut, avec une petite truelle quelconque (*fig.* 6, 7 et 8), se faire fabriquer un très bon petit instrument propre à déraciner les plantes. On recommandera au forgeron, tout d'abord, de redresser le manche en A, de manière à le ramener dans le même plan que l'instrument ; puis sur l'extrémité arrondie de l'enclume on fera forger le fer plat de façon à le bomber sur champ comme un de ces petits outils de jardinier nommés plantoirs : ceux-ci peuvent du reste rendre d'assez bons services, mais ne sont pas toujours suffisants pour déraciner un végétal dans un terrain dur.

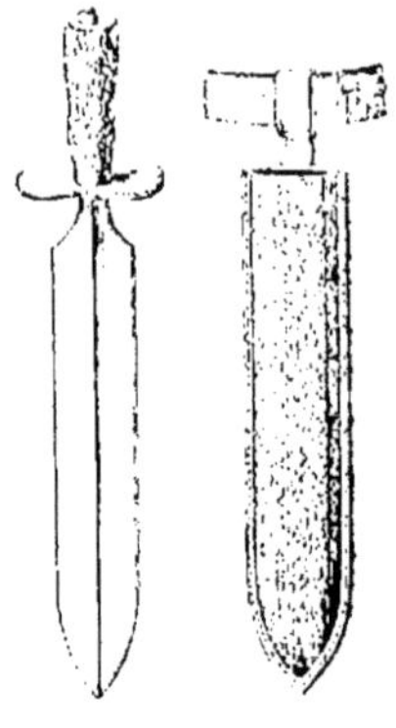

Fig. 9.   Fig. 10.

Couteau dit bordelais, à deux tranchants, pour botaniste.— Son fourreau.

Certains botanistes affectionnement le couteau dit bordelais (*fig.* 9 et 10), à lame forte, à deux tranchants, à pointe aiguë retaillée en ogive, monté sur une forte poignée de corne, et qui s'engaine dans un fourreau en cuir que l'on passe à la ceinture. Ce couteau est d'un excellent usage ; il peut rendre toute espèce de services et nous ne saurions trop en recommander l'emploi. On se sert aussi beaucoup d'écorçoirs, instruments très commodes et qui peuvent être construits par tous les forgerons. L'important est qu'ils soient faits de bon acier bien trempé, car tous les outils en fer ne tardent pas à se fausser et à se tordre, inconvénient que ne présente pas un instrument d'acier. En variant les courbures et les profils du fer, comme le montrent les

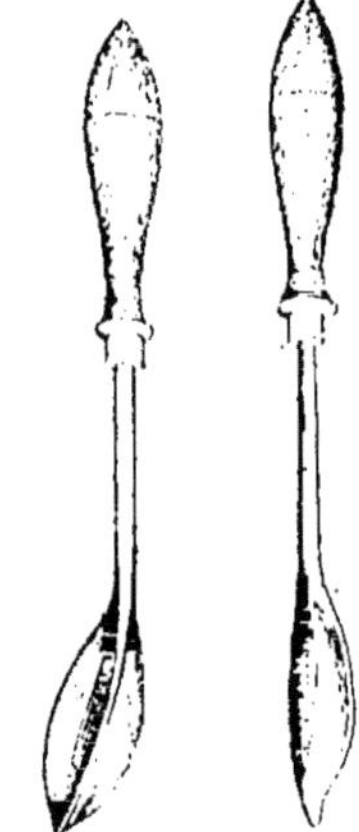

Fig. 11.   Fig. 12.

Écorçoirs de courbures différentes.

figures 11 et 12, on parvient à façonner un écorçoir à sa convenance.

Pour déraciner les plantes très profondément implantées en terre, on se sert de piochons de divers modèles. Un des plus avantageux est celui qui présente un fer aigu de pioche et une autre lame aplatie propre à enlever des mottes de terre (*fig.* 13). Dans les grandes excursions ce piochon est indispensable; on le porte

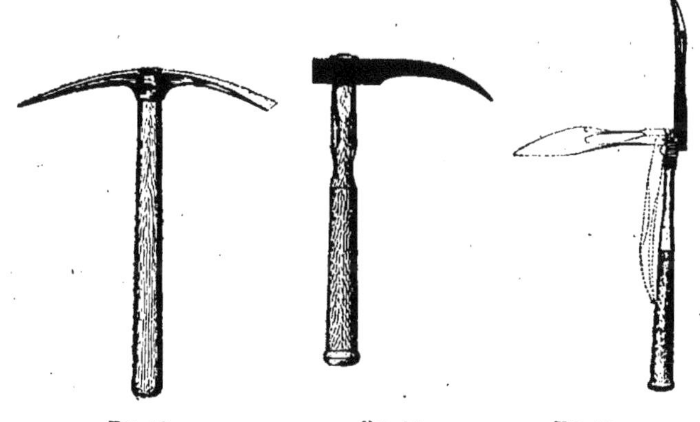

Fig. 13.   Fig. 14.   Fig. 15.

Modèles de piochons.   Écorçoir pliant.

soit passé dans une ceinture de cuir, soit attaché après le havresac dont nous avons recommandé l'emploi.

Un autre modèle beaucoup plus simple est celui que donne la figure 14. Il est très léger et rend d'excellents services. Mais tous ces piochons ont le désavantage d'être assez embarrassants et d'un port peu commode. La maison Deyrolle a inventé un modèle d'écorçoir pliant (*fig.* 15) qui peut se mettre dans la poche, être employé droit pour creuser et replié à angle droit pour piocher. Cet instrument est très utile dans les terrains peu résistants, et on ne peut lui reprocher que de manquer un peu de solidité.

L'amateur de botanique devra posséder une serpette pliante ou mieux une lame de serpette à soie filetée qui puisse se visser après la canne d'excursion pour en faire une sorte d'échenilloir

avec lequel il pourra couper des rameaux, des inflorescences placées hors de portée de la main (*fig.* 16). Cette petite arme d'hast
rendra de grands services en certaines régions pour
détacher des plantes parasites. Pour couper les sommités
de certains végétaux, en diviser les tiges, on se servira
de gros et forts ciseaux ou mieux encore d'un petit sécateur de poche comme ceux dont se servent les jardiniers.

Les étiquettes que l'on emporte en excursion
devront être de papier fort ou de bristol ; de vieilles
cartes de visite feront admirablement l'affaire (*fig.* 17).
On peut en avoir de parchemin, mais elles coûtent assez
cher et sont à peu près inutiles. Chaque étiquette aura
7 à 8 cm. de long sur 3 cm. de large. A l'une des
extrémités on fait un trou par où passe un bout de fil
noué de façon à ce que les extrémités libres aient 10 cm.
de long. Ces étiquettes serviront à noter les indications
intéressant la station exacte de la plante récoltée, la couleur des fleurs, etc., comme nous l'indiquerons plus loin.

Les sachets de papier seront faits de papier fort
replié, et fixé avec de la colle de pâte ; les petits sacs
dont se servent les épiciers seront d'un excellent emploi. On met dans ces sachets certaines plantes délicates, des fleurs détachées, des graines, etc., en ayant soin d'écrire
sur le papier les indications
nécessaires accompagnées d'un
numéro d'ordre renvoyant à
l'étiquette de la plante à laquelle
appartiennent ces parties. Quant
aux boîtes à pilules, on les prendra de diverses tailles ; elles serviront à renfermer de petits
végétaux cryptogames, etc. On
fera bien aussi d'emporter un
flacon de la contenance d'un
cinquième de litre, à goulot
assez large, à bon bouchon de
liège un peu long, et on le remplira aux deux tiers d'alcool à
40° centigrades. On y mettra les fruits mous ou pulpeux, les

Fig. 16.

Serpette
pouvant se
visser à la
canne
d'excursion.

Fig. 17.
Étiquette en papier bristol.

champignons et autres végétaux entiers ou en parties que leur mollesse rend très altérables. Mais si l'on met des fruits dans l'esprit-de-vin, il faut avoir soin de bien prendre note de la plante à laquelle ils appartiennent; nous y reviendrons par la suite.

Enfin il est utile d'emporter, en toute excursion entreprise dans un but d'histoire naturelle, une loupe à un ou plusieurs verres, de façon à pouvoir examiner sur place les caractères des végétaux ou des animaux ou des petits fossiles. Et il ne faut pas oublier un peloton de fil fort ou de ficelle.

Herborisations.

Ainsi outillé, l'amateur de botanique peut se mettre en route. On peut dire, d'une façon générale, que tous les pays méritent d'être visités par lui et à toute époque de l'année. Les mois les plus froids de l'hiver lui fourniront encore des plantes intéressantes; et quant au choix des localités, il importe peu, surtout quand on commence un herbier, car la seule flore des rues de Paris peut être un sujet d'études de plusieurs années. Le botaniste assez heureux pour pénétrer dans l'enceinte des ruines de la Cour des Comptes pourrait y faire pendant des journées les plus riches récoltes. Le plus modeste jardinet, la plus petite cour, un pan de vieux mur peuvent être explorés avec fruit pendant longtemps sans que l'on cesse d'y faire des petites découvertes intéressantes. Un botaniste bien connu, M. Vallot, a consacré des années à étudier la flore *du pavé de Paris :* il a relevé *deux cent vingt espèces.* Et il ne faut pas croire que toutes ces espèces se trouvent n'importe où; jadis, une espèce particulière d'amaranthe ne se trouvait que sur la place Saint-Germain-l'Auxerrois. La flore des fortifications de Paris explorées méthodiquement serait des plus curieuses à fixer.

Bien que toutes les saisons soient propices à la récolte des plantes, le printemps et l'été demeurent toujours les plus favorables. C'est aussi l'époque où les excursions sont les plus agréables et où la moisson sera la plus riche.

Mais, pour récolter les végétaux, il faut agir d'après certains principes, sans quoi les herbiers que l'on formerait seraient complètement dépourvus d'intérêt et la détermination des espèces serait presque toujours impossible. Il faut bien se convaincre de la nécessité d'examiner les plantes et de ne pas les recueillir au hasard. On devra s'assurer si elles sont en fleur, si elles présentent des graines, et il faudra, quand on aura fait choix d'un échantillon, le prendre en usant de diverses précautions.

Récolte des échantillons.

Tout d'abord, on déracinera la plante au moyen de la houlette ou du piochon, en ayant bien soin de ne pas couper la racine. C'est un travail souvent assez long et qui demande du soin : il faut creuser doucement, parfois profondément, autour de la plante, en découvrir la racine, puis, par des tractions lentes et mesurées, tirer le pied, tenu le plus près possible de la racine, jusqu'à ce qu'on l'ait déraciné complètement. On débarrasse alors la racine de la terre qui l'entoure, soit avec la main, soit en la secouant soigneusement. La plante est alors couchée dans la boîte, après que l'on a attaché à la tige une étiquette portant les indications utiles, c'est-à-dire : localité exacte ; nature du terrain ; nombre de pieds observés ; date ; puis couleur des fleurs, etc. Si celles-ci s'effeuillent, on en met les pétales dans un sachet de papier portant le même numéro que l'étiquette. On fait de même pour les fruits et les graines.

Quand un pied de plante est trop grand, surtout trop long, pour entrer dans la boîte, on le replie sur lui-même en autant de fractions de la longueur de la boîte. Quand la plante est très volumineuse, on en coupe une portion avec feuilles, fleurs, fruits, graines, quelques portions de tiges avec feuilles différentes quand il y en a, et la portion de la tige tenant à la racine. On réunit le tout ensemble en une petite boîte liée avec une ficelle et on met une étiquette, avec indications. D'une manière générale, il ne faut pas empiler au hasard, pêle-mêle, les plantes dans la boîte à herboriser. On devra toujours les y coucher dans le même sens, les racines d'un côté, les sommités de l'autre. Si une plante est très longue, on la replie une ou deux fois sur elle-même ; si elle est trop fragile, on fera bien de l'envelopper dans du papier.

II. — PRÉPARATION DES PLANTES.

Outillage.

Dès qu'on est de retour de l'excursion il faut, sans plus tarder, procéder au séchage préalable des plantes. Pour cette opération divers objets et ustensiles sont nécessaires.

Tout d'abord, de nombreuses feuilles doubles de papier quelconque, non collé, à la rigueur des journaux, peuvent suffire, mais il faut que ces feuilles soient toutes de dimensions égales, et du même format qu'auront celles de l'herbier. Les mesures habituelles, adoptées par tous les botanistes, sont 45 cm. de hauteur sur 29 de large.

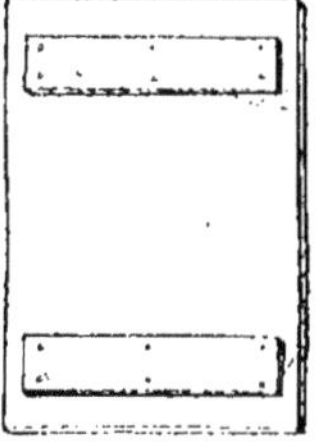

Fig. 18.

Planchette en bois, pour le séchage des plantes.

On prépare un certain nombre de cahiers de douze à quinze feuilles, destinés à former les matelas entre lesquels on mettra sécher les plantes.

Il faut aussi posséder quelques planchettes de bois sec et léger, soutenues chacune par deux traverses plus épaisses, clouées suivant le sens de la largeur (*fig.* 18); chaque planchette doit mesurer 50 cm. de hauteur sur 30 de large et 15 mm. d'épaisseur. Mais on remplace très avantageusement ces planchettes, qui ont l'inconvénient de ne pas laisser circuler l'air, par des cadres en fil de fer de mêmes dimensions, où est tendue et soudée une toile métallique, autant que possible étamée pour ne pas se rouiller à l'humidité. Les cadres doivent être soutenus

Fig. 19.

Cadre en toile métallique pour le séchage des plantes.

par deux ou trois traverses dans le sens de la largeur, traverses rivées et soudées à l'étain (*fig.* 19).

Des pinces assez fines et très molles, dans le genre de celles dont se servent les compositeurs d'imprimerie ou les horlogers, sont également utiles, ainsi que des ciseaux et un scalpel, ou à son défaut un canif à lame bien tranchante.

Deux ou trois aiguilles emmanchées sont indispensables. On peut facilement les fabriquer soi-même: On prend un manche de porte-plume en bois; à l'une des extrémités on fait une petite douille en fil de fer fin, en fil de cuivre ou tout simplement en fil ciré dont on arrête le nœud comme on fait quand on garnit le tuyau d'une pipe de terre A, B, C (*fig.* 20). Puis on choisit une aiguille longue dont on brise le chas, et sur une pierre à repasser on aiguise ce bout obtus jusqu'à le rendre pointu. On saisit alors l'aiguille dans une paire de tenailles ou un petit étau à main, en tenant la pointe la plus fine en bas, et on enfonce la pointe, que l'on a façonnée, dans le manche en bois, que sa douille empêche d'éclater. On trouve d'ailleurs chez tous les quincailliers des petits manches d'outils d'horloger coûtant 15 ou 20 centimes et qui sont excellents pour cet usage. Pour se fabriquer des outils

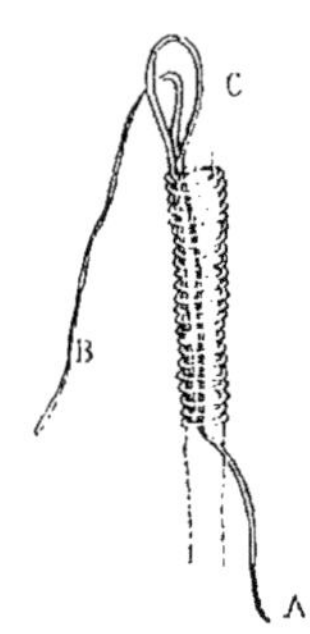

Fig. 20.

Manière de fabriquer une aiguille emmanchée.

beaucoup plus fins, on se taille de minces bâtonnets en bois blanc auxquels on fait une douille avec un fragment de cure-dent et on y enfonce une aiguille très fine. La longueur totale de l'instrument doit être de 12 à 15 cm. (*fig.* 21).

Pour l'étude des plantes, les dissections fines des pistils, des

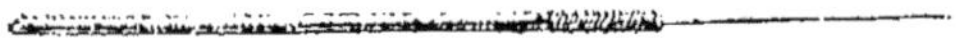

Fig. 21.

Aiguille emmanchée.

diverses parties des fleurs, des fruits, on pourra se fabriquer soi-même nombre d'instruments qui rendront les plus grands services, d'autant plus qu'on les variera à sa convenance.

L'outillage indispensable est composé : d'un petit étau se vissant à une table; d'un très petit étau à main ; d'une ou deux limes fines et douces demi-rondes; d'une petite pince à mors plat (*fig.* 22);

d'un peu de fil de cuivre; d'une petite masselotte en acier trempé qui, prise dans l'étau, servira d'enclume; d'une pierre à repasser; d'un petit marteau. Ainsi outillé, on monte son étau à une table, et comme feu de forge on prend sa cheminée ou une lampe à esprit-de-vin dont on peut activer la flamme avec un fin tube de verre, un tuyau de pipe en terre ou un chalumeau de fer.

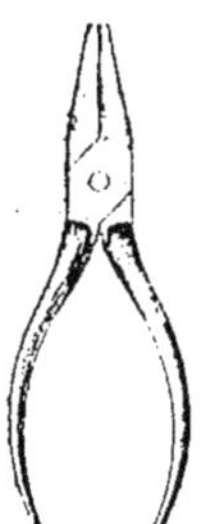

Fig. 22.

Pince à mors plat.

Supposons que l'on veuille se fabriquer un de ces petits outils tranchants du genre de ceux dont les oculistes se servent pour opérer la cataracte. Comme on le voit (*fig.* 23), c'est une sorte de couteau A à tranchant recourbé, se continuant en une tige B et monté sur un manche en bois D, muni d'une douille C. On prend une aiguille d'acier de dimensions convenables, et, la saisissant par la pointe dans l'étau à main, on la fait rougir au feu. Quand elle est ainsi détrempée, on la laisse refroidir, sans toutefois la mettre dans l'eau, ce qui lui rendrait sa trempe. On la reprend dans l'étau à main, de manière à ce que l'extrémité seule passe à hauteur du chas; avec la lime, on la coupe en cet endroit. On replace alors l'aiguille dans l'étau comme la première fois et on fait rougir à blanc l'extrémité tronquée; on l'applique sur la masselotte serrée dans l'étau fixe, et, l'y maintenant de la main gauche, on la bat avec le marteau jusqu'à lui donner la forme voulue, en la remettant toujours au feu lorsqu'elle commence à se refroidir. Quand la pièce est suffisamment dégrossie, on remplace la masselotte par un morceau de bois pris dans l'étau et on finit sa pièce à la lime; on la redresse doucement au marteau, et, quand elle a acquis sa forme définitive, on procède à la trempe. On prend dans les pinces l'aiguille par la pointe, on la fait rougir au feu et on la plonge doucement dans un vase contenant de l'huile animale ou végétale, on la retire rapidement, et on la laisse refroidir lentement, autant que possible dans les cendres tièdes. Quand elle est froide, on la nettoie — car elle est d'un noir bleu — avec du

Fig. 23.

Outil tranchant monté.

papier d'émeri fin, jusqu'à lui rendre sa couleur blanche, et, la présentant au feu, on la bleuit. La petite lame est alors recuite; on la passe à l'émeri et on la monte sur son manche, en la tenant serrée dans l'étau fixe, la pointe en l'air, dépassant de 2 cm. On pousse doucement le manche sur cette pointe, en le tenant bien droit, et on l'enfonce en tapant à petits coups avec le marteau. Il ne reste plus qu'à aiguiser le tranchant sur la pierre à repasser, avec de l'eau ou de l'huile, suivant la nature de la pierre.

Tous les petits outils, aiguilles recourbées, repliées à angle droit, etc., pourront se fabriquer de la même manière. Avec des ressorts de pendule, des vieux soutiens d'acier de parapluie, on pourra se fabriquer des pinces; mais alors il faudra avoir un poinçon court et aigu, ou un drille avec forets pour percer les petits trous où passeront les rivets. On peut, avec quelque adresse, se fabriquer de très bonnes pinces molles en baleine, avec deux bouts de 12 cm. de long, et deux clous de cuivre de petite taille. Tout d'abord, on réservera un morceau de baleine ou un petit morceau de bois dur de 3 mm. d'épaisseur, sur 10 de hauteur et 6 de largeur. On taillera ensuite avec un canif les deux branches de la pince, qui doivent avoir 10 ou 11 cm. de long, jusqu'à leur donner la forme convenable en façonnant les pointes aussi fines qu'on voudra, A, A (*fig.* 24). On régularisera le contour avec une lime douce; on polira au papier d'émeri avec un peu d'huile. Puis, avec une aiguille rougie au feu, on fera deux trous à chaque tête de branche en B, B, en ayant soin qu'ils coïncident bien ensemble, et ces deux trous seront répétés au travers du petit morceau de bois dur qui doit s'interposer entre les deux têtes de branches. On fixera alors le tout en passant un petit clou de cuivre à tête ronde dans chaque trou; puis, avec des pinces coupantes, on rasera la pointe du clou, ne laissant dépasser qu'un millimètre du cuivre. Portant la pince sur la masselotte, on y applique sa tête du côté des têtes des clous, dont on rive les

Fig. 24. Fabrication d'une pince en bois.

Fig. 25. Profil de la pince en bois achevée.

extrémités très doucement et à petits coups, non avec la tête, mais avec le bec du marteau, de façon à ce que le cuivre se rabatte tout autour en collerette. Ainsi l'on se fabrique facilement une paire de pinces douces et délicates, avec laquelle on peut se livrer aux travaux les plus méticuleux, et manier les objets les plus fragiles (*fig.* 25).

Séchage.

Quand on veut dessécher les plantes, on les place une à une dans une feuille double de papier, en ayant bien soin d'étaler toutes leurs parties dans la situation qu'elles devront désormais garder. Aussi faut-il bien faire attention, pour ne pas froisser, replier les feuilles, donner une mauvaise attitude aux fleurs. On aura soin de présenter quelques feuilles retournées, afin qu'on en puisse voir l'envers. Si la tige est trop épaisse, on la refendra avec un canif dans le sens de sa longueur, en ayant soin de ne pas détruire les insertions des feuilles; de même pour les racines. Lorsque la plante est trop longue, on en brise la tige — sans la séparer par fragments — en autant de brisures qu'en peut contenir le papier; il est rare qu'il en faille plus de deux. Mais il ne faut jamais recourber la tige,

Fig. 26.

Manière de disposer une plante pour le séchage.

parce que, dans l'herbier, cette attitude peu naturelle peut tromper sur le port véritable de la plante (*fig.* 26).

Des précautions toutes particulières sont à prendre pour bien des plantes bulbeuses ou charnues dont les parties, trop épaisses, ne sauraient se sécher entre les feuilles de papier où elles continueraient même à vivre. On peut les tuer et les dessécher dans un four, ou les plonger dans l'eau bouillante pendant quelques instants; certaines personnes emploient le vinaigre, et y laissent séjourner les plantes pendant vingt-quatre heures; d'autres les trempent lentement dans de l'alcool très chaud, auquel on a mêlé 1/600 d'acide salicylique.

Pour dessécher rapidement beaucoup de plantes grasses, comme les *Sedum*, etc., on les met dans une chemise en papier, sur laquelle on passe un fer à repasser chaud. Quand on a un four à sa disposition, on y met sécher les plantes prises entre des doubles de papier serrés eux-mêmes entre des tuiles ou des briques, et on laisse chauffer pendant une heure. Au bout de ce temps, il faut changer le papier et renouveler l'opération, et cela jusqu'à ce que les plantes soient sèches complètement. Ce moyen est surtout employé pour les orchidées. Nous parlerons plus loin d'autres procédés purement chimiques.

Mais, en général, toutes les plantes peuvent être séchées dans des chemises et entre des matelas de papier. Quand on a affaire à de petits échantillons, on peut en mettre plusieurs dans une même chemise, mais en ayant soin que leurs parties ne chevauchent pas les unes sur les autres. On met chaque chemise entre deux matelas de feuilles de papier, alternant ainsi les couches, de manière à faire un paquet de 15 cm. environ d'épaisseur. Ce paquet est alors serré entre deux planchettes ou mieux entre deux châssis en toile métallique; on serre avec deux courroies ou deux sangles, de façon à ce que les plantes soient bien pressées, sans être cependant écrasées. On suspend ces paquets dans un endroit sec et aéré, puis le lendemain matin on défait les liasses, on change les chemises, on remet des coussins de papier sec et on a soin de rectifier les mauvaises positions qu'auraient pu prendre certaines parties; on les replace en les maniant avec précaution au moyen des pinces et des aiguilles emmanchées.

Cette opération doit se renouveler tous les jours, et si l'on a des loisirs, deux fois par jour, en ayant la précaution de retirer à mesure les échantillons qui paraissent secs et d'en faire des paquets spéciaux. On procédera ainsi jusqu'à ce que toutes les plantes soient sèches.

Quelques règles sont à observer dans le séchage des plantes; toutes ne doivent pas être traitées de la même manière. Ainsi lorsque l'on veut sécher des plantes dont les fleurs ont de nombreux pétales, il faut intercaler entre chacun d'eux un petit morceau de papier pour les empêcher de se coller ensemble. On prendra la même précaution pour séparer les feuilles des plantes très feuillues, et au besoin on enlèvera quelques-uns de leurs rameaux en en respectant les attaches. Quant aux fleurs qui ont tendance à se fermer, on en maintiendra la corolle ouverte en y poussant un petit cornet. Pour les inflorescences de certaines plantes, comme les capitules des composées, il est bon de les fendre longitudinalement et d'en enlever une moitié, quitte à la placer à côté de l'échantillon. Pour les bulbes et tubercules, il faut non seulement les séparer en deux moitiés, mais encore creuser et évider le plus possible la partie que l'on conserve pour qu'elle puisse sécher plus facilement. Les plantes visqueuses et gluantes doivent être séchées entre deux feuilles de papier huilé.

Si l'on était en voyage et que l'on n'eût qu'une petite provision de papier, il faudrait sans cesse faire sécher les feuilles humides dans un four ou une étuve. Et, une fois que les plantes commenceraient à perdre un peu de leur humidité, on les laisserait chacune dans une simple chemise. Toutes ces chemises seraient étalées au soleil, maintenues par des pierres et isolées, puis, le soir, on les remettrait sous presse. Les plantes ainsi traitées se dessèchent vite, mais elles n'ont jamais la beauté de celles que l'on a soumises à l'action continue des presses.

III. — COULEURS DES PLANTES

(MOYENS CHIMIQUES POUR LES CONSERVER).

Certaines personnes sont arrivées à conserver des fleurs avec leur forme et leur coloration naturelles; l'abbé Manesse est l'inventeur d'un des procédés les plus ingénieux. C'est en employant une liqueur saline composée de 31 grammes d'alun, de 4 grammes de nitre, et de 186 grammes d'eau, qu'il arrivait à ce résultat. Dans ce bain il faisait tremper les queues des fleurs pendant deux ou trois jours, puis dans du sable blanc très fin et très sec. La fleur doit toucher le sable; puis on la recouvre d'une couche de ce même sable sur une épaisseur de 2 à 3 cm., en le faisant passer au travers d'un tamis. Cette opération se fait dans une boîte quelconque que l'on met dans un four chauffé modérément pendant vingt-quatre heures, après quoi on retire les fleurs et l'on est tout surpris de voir qu'elles ont gardé leurs couleurs et leur port. Et elles les conserveront indéfiniment si l'on a soin de les tenir loin de l'humidité et à l'abri de la poussière.

Si l'on veut appliquer ce procédé aux plantes destinées à l'herbier, il suffit de remplacer le séchage au sable par la même opération entre des feuilles de papier non collé, changé de temps en temps jusqu'à complète dessiccation.

On peut employer dans le même but un bain bouillant d'alcool avec 1/600 d'acide salicylique (chauffé au bain-marie). On y plonge la plante et on la retire vivement, car une longue immersion détruit les couleurs, surtout celles à base violette, et on la fait sécher dans du papier; au bout de peu de temps elle est parfaitement sèche et se conserve avec toutes ses couleurs.

La solution de sublimé corrosif à 2 pour 100 dans de l'alcool à 36° centigrades est également très bonne, car si elle tue complètement les plantes, leur conserve leurs couleurs et même leur souplesse, elle les préserve aussi pour longtemps des attaques des insectes, fléaux des herbiers, et aussi des moisissures. Les plantes desséchées sont plongées à froid dans la solution ou badigeonnées avec un pinceau; puis on les fait sécher dans du papier. Mais il ne faut jamais traiter par le sublimé les plantes encore humides, car elles noircissent en tout ou en partie. Au reste, ce procédé est délicat à employer et demande une grande habitude; s'il rend de grands services, il présente aussi des dangers et nous ne le recommandons pas aux débutants. Le sublimé corrosif, qui est l'agent le plus utile du préparateur professionnel, n'est pas fait pour les amateurs, car c'est un violent poison qui, en se déposant entre les feuilles de l'herbier sous forme de poudre impalpable, devient on ne peut plus dangereux à respirer, surtout dans un petit espace.

Quand on veut rendre leurs couleurs à des fleurs complètement décolorées, on peut essayer de l'acide azotique. Ce procédé présente l'avantage de bien ramener les fleurs rouges tournées au violet ou au bleu. Il ne faut pas employer une solution concentrée, mais noyer l'acide dans dix à douze fois son volume d'eau. On fait une chemise de papier buvard que l'on imprègne du liquide, on y inclut la plante, on met la chemise entre plusieurs doubles de papier sec, et on presse le tout assez doucement pendant une minute environ. Au bout de ce temps la fleur a repris sa couleur. Cependant, si elle reste pâle, on fera bien d'augmenter un peu la force du mélange; mais, au contraire, si elle a pris une teinte trop foncée, il faut renouveler l'opération en étendant encore le liquide

IV. — L'HERBIER.

Choix du papier.

Pour former l'herbier, il faut se préoccuper de choisir du bon papier bien blanc, un peu fort, bien collé, de la dimension précédemment indiquée; on le trouve facilement dans le commerce sous le nom de *papier bulle*.

Chaque feuille doit être double, de manière à ce que le feuillet supérieur protège la plante fixée au feuillet inférieur. On ne doit jamais entrer dans l'herbier qu'une plante parfaitement sèche et on reconnaît qu'elle est telle quand elle apparaît dure, inflexible, d'aspect fragile, âpre au toucher. On la place alors bien au milieu de la feuille qu'elle doit occuper; s'il s'agissait toutefois de petits échantillons de même espèce, on pourrait en mettre deux ou trois côte à côte.

Fixation des plantes.

Pour fixer les plantes en place, on se sert d'étroites bandes de papier gommé, d'un centimètre environ de large, dont on fera bien de se préparer une bonne provision à l'avance. Il faut avoir soin de coller d'abord un des bouts, puis, l'autre étant mouillé, de le tirer de manière à le tendre juste, de telle sorte que la plante ne vacille pas, et on la maintient avec les doigts jusqu'à ce que la gomme soit sèche.

Il n'y a rien de plus laid que des bandes disposées trop lâches et formant comme des arches de pont où les tiges et les rameaux ballottent au grand préjudice des échantillons qui se détériorent rapidement.

Les rubans de papier ne doivent jamais passer sur des parties utiles à l'étude des feuilles, surtout axillaires, des fleurs, etc. Autant que possible, il faudra les fabriquer d'un papier de même ton que celui de l'herbier, ce qui sera plus propre et fera meilleur effet. Sans être parcimonieux de ces attaches, il ne faut pas non plus s'en montrer prodigue et faire disparaître les parties de la plante sous ces petites fiches. La figure 27 donnera une idée de la répartition raisonnable de ces attaches.

Rangement de l'herbier.

ÉTIQUETAGE. — Quand on a pu se procurer le nom de l'espèce végétale dont un ou plusieurs échantillons figurent dans l'herbier, il faut fixer à la feuille de papier une étiquette sur laquelle soit écrit ce nom accompagné de tous les renseignements nécessaires. Les dimensions les meilleures pour les étiquettes sont 7 ou 8 cm. de long sur 5 de hauteur. On les fera en papier quelconque, pas trop fort pour qu'on puisse les coller facilement, et on tracera avec un tire-ligne les encadrements, les filets et les lignes toujours assez nombreuses, où l'on écrira les indications diverses : d'abord le nom de genre, ensuite celui d'espèce, puis celui de l'auteur qui le premier a donné ce nom latin à la plante, ensuite le nom vulgaire, puis la localité où a été récolté l'échantillon, la date.

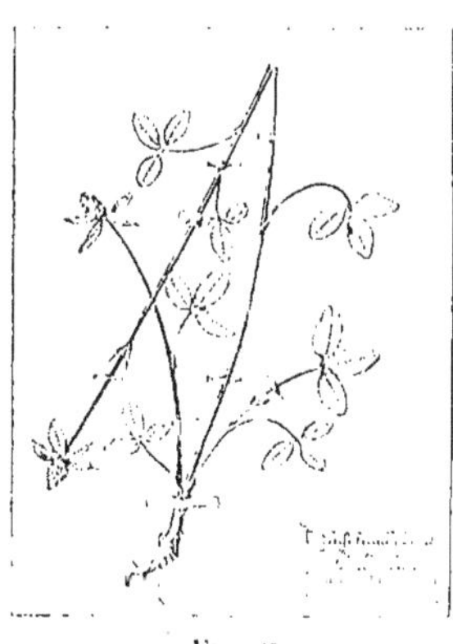

Fig. 27.

Disposition d'une page d'herbier.

Toutes les espèces d'un même genre sont réunies dans un même cahier auquel succédera un autre cahier contenant le genre suivant, et tous ces cahiers renfermant les genres d'une même famille seront commandés par une feuille servant de garde à la liasse et où sera écrit le nom de la famille. On peut encore écrire ce nom sur une fiche de bristol ou de parchemin collée sur cette feuille, à son coin supérieur externe, de manière à ce qu'elle dépasse de 2 ou 3 cm. et puisse se lire sans qu'on ait à ouvrir le cahier.

Les étiquettes d'espèce se collent toujours au coin gauche de la feuille de papier qui soutient la plante.

RANGEMENT DE L'HERBIER. — La meilleure disposition est assurément le rangement en cartons : les liasses de plantes, dûment classées et étiquetées, sont mises dans des cartons semblables à des cartons à dessin de dimensions un peu supérieures à celles des feuillets inclus (*fig.* 28). Ces cartons, à dos large et un peu rigide, en peau ou en papier habillé de percaline, se ferment au moyen de cordons. Mais nous recommandons aux botanistes d'employer des gardes comme le font les amateurs de gravures. Sur une des faces intérieures du carton A (*fig.* 29), on colle une grande feuille de papier ou mieux de

Fig. 28.
Carton pour le classement des plantes.

toile ou percaline habillée de papier B et dépassant des trois côtés d'environ 20 cm. Après quoi on la coupe avec des ciseaux en D, de façon à ce que les parties dépassantes puissent se rabattre sur les liasses de l'herbier avant qu'on ne ferme le carton. Cette disposition pratique empêche la poussière de pénétrer et de salir les plantes et le papier.

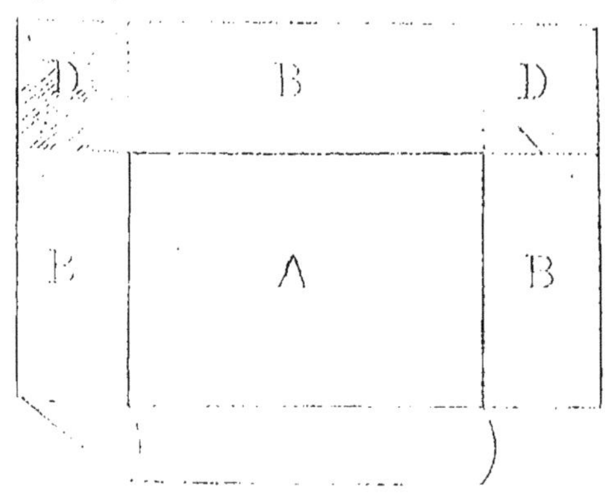

Fig. 29.
Manière de fabriquer un carton classeur.

Les cartons de l'herbier se rangeront comme des livres dans une bibliothèque ; sur le dos de chacun d'eux, on collera une

étiquette où seront indiqués les familles et même les genres.
Beaucoup d'amateurs aiment à avoir de grandes étiquettes à leur
nom. C'est un luxe qu'on peut se passer facilement, car il est peu

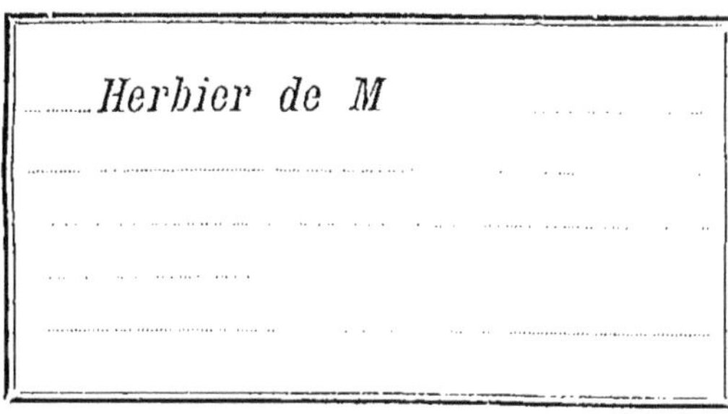

Fig. 30.

Modèles d'étiquettes pour herbier.

coûteux, et les imprimeurs, avec un modèle tracé d'avance, éta-
bliront ces étiquettes pour un prix modique (fig. 30).

On les collera avec de la gomme liquide ou toute autre colle,
mais sur le papier; car pour peu que les dos soient en basane,
cirée ou vernie, les colles autres que la colle forte chaude ou à
froid prennent difficilement.

Préservation.

Précautions à prendre contre les insectes.

Il ne faut pas croire qu'il suffise de tenir son herbier bien au sec inclus dans une armoire close pour qu'il se conserve indéfiniment : il est des quantités d'insectes, ptines, vrillettes, dermestes, psoques, etc., qui vivent de ces substances végétales desséchées. Si quelques-uns d'entre eux s'installent dans un herbier, ils ne tardent pas à y pulluler ; ils dévorent les plantes, percent des trous dans le papier et y prolongent leurs galeries. Aussi, comme tous ces parasites n'aiment point à être dérangés et comme ils craignent également la lumière, il est bon de visiter souvent l'herbier, d'en ouvrir les cartons. Dès qu'on trouve un insecte, il faut le détruire et faire une visite minutieuse pour savoir s'il est éclos là ou s'il vient du dehors.

Procédé par le sublimé corrosif. — Quand on s'aperçoit qu'une plante est attaquée il faut, avec un pinceau mou et fin — un petit blaireau ordinaire fait admirablement l'affaire — la badigeonner avec la solution de sublimé corrosif. Mais il est d'autres moyens moins dangereux, surtout si on les emploie en plein air.

Procédé par l'acide sulfureux. — On prend une caisse fermant bien, on met au fond une capsule contenant du soufre et les plantes divisées par cahiers, pas trop empilés, de façon à ce que les vapeurs du soufre pénètrent bien. On enflamme le soufre et on ferme la caisse. Au bout de peu de temps l'acide sulfureux dégagé a tué les insectes, leurs œufs et leurs larves. On prendra naturellement les précautions nécessaires pour ne pas brûler les plantes en les mettant trop près du soufre.

Procédé par le sulfure de carbone. — Le sulfure de carbone rend de grands services, mais il possède une odeur infecte et a l'inconvénient de former avec l'air un mélange détonant. Il ne faut donc pas l'employer le soir, à la lumière, et il vaut mieux éviter de s'en servir ailleurs qu'en plein air, dans une cour, un jardin, sur une terrasse, un balcon. A ce propos nous recommanderons aux amateurs d'histoire naturelle de s'installer, à peu de frais, une sorte de petit laboratoire aérien sur un appui de fenêtre avec une planche fixée à l'appui, et bordée d'autres planchettes destinées à retenir les objets que le vent ou toute autre cause pourrait emporter. Les plantes attaquées peuvent être traitées directement par le sulfure de carbone avec un pinceau ou en interposant entre les feuillets de l'herbier une feuille de papier buvard bien imbibée du produit. Il est encore plus simple d'avoir une boîte de bois bien close, pas trop grande, au fond de laquelle on dispose un épais matelas d'ouate ou de chiffons que l'on imbibe avec le produit chimique; puis on met dans la boîte les feuillets contenant les plantes attaquées, on ferme et on laisse tout en place pendant vingt-quatre heures. Au bout de ce temps les parasites sont détruits.

Procédé par la benzine. — Certains amateurs emploient les vapeurs de benzine. D'autres posent entre les feuillets de l'herbier attaqué des feuilles de papier buvard imbibé de benzine. Ce moyen n'est pas mauvais; encore présente-t-il l'inconvénient de tacher le papier où la benzine laisse toujours des marques.

On pourra mettre dans l'armoire où est renfermé l'herbier une cuvette en verre avec de l'essence de serpolet, dont l'odeur forte et pénétrante, sans être désagréable, éloignera les insectes.

V. — CONSERVATION DES ÉCHANTILLONS.

Graines et Fruits.

Pour conserver les graines et aussi les fruits secs, il suffit de les garder dans un endroit exempt d'humidité et de les bien sécher avant de les inclure dans les bocaux, grands ou petits, dans lesquels on les gardera. On se servira avec avantage de ces bocaux à couvercle métallique vissé que l'on trouve chez tous les marchands de verrerie et de vaisselle. Ces couvercles sont intérieurement garnis d'une rondelle de liège sur laquelle il sera bon de coller un disque de molleton épais où l'on versera de temps en temps un peu d'acide phénique pour empêcher les insectes d'attaquer les graines.

Pour les fruits secs et déhiscents, c'est-à-dire ceux qui, arrivés à maturité, s'ouvrent en un certain nombre de compartiments, il faudra, au moment où on les récolte, en ficeler un certain nombre d'échantillons, par espèce, avec du fil serré, de manière à ce qu'ils puissent se dessécher sans s'ouvrir. Mais on fera bien d'en garder quelques-uns ouverts et de conserver les graines qu'ils renferment dans un petit tube de verre que l'on placera avec eux en un même bocal. Nous ne saurions trop recommander de ne pas renfermer tous ces fruits ou graines dans les vases clos avant qu'ils ne soient bien secs, car faute de cette précaution les échantillons moisiraient rapidement. On remédie à cela en mettant dans chaque bocal quelques pincées de naphtaline, corps favorisant la dessiccation et ayant une odeur forte et pénétrante qui chasse les insectes. La naphtaline est un produit qui coûte très bon marché et dont le maniement est absolument sans danger.

Les fruits pulpeux et mous se conservent dans l'esprit-de-vin à 45° centigrades. Il faut changer deux ou trois fois la liqueur jusqu'à ce qu'elle ne se colore plus. On aura soin de tenir les flacons, tubes ou bocaux bien fermés, et on pourra employer les mêmes moyens dont nous parlons page 68 pour la conservation des petits mammifères.

Bois.

Il est très utile de conserver des échantillons des bois des divers arbres, arbustes ou lianes dont les feuilles, les fleurs et les fruits sont collectionnés dans l'herbier. On sciera soigneusement des rondelles de 4 cm. environ d'épaisseur, une fois que le morceau de bois sera bien sec. Pour le mettre à l'abri des attaques des insectes, on pourra employer la méthode suivante. On plonge le morceau de bois dans de l'huile de pin pyrogénée, substance que l'on trouve chez les marchands de produits chimiques. Cette huile rend de meilleurs services que la créosote, le sulfate de cuivre et le chlorure de zinc. Excellent antiseptique, elle empêche le bois de se pourrir; de plus elle a l'avantage de n'être pas corrosive et d'avoir une odeur saine. Certains amateurs polissent l'une des faces de leurs échantillons de bois puis la vernissent; ce procédé est excellent en ce qu'il montre les qualités du bois pour les usages industriels. En règle générale, tous les échantillons de la collection doivent conserver leur écorce. Si l'on veut conserver des fragments de branches ou de tiges ligneuses, on peut les refendre longitudinalement et n'en garder qu'une moitié. La longueur de ces échantillons doit être de 30 cm. environ; on aura soin de les choisir sur des sujets qui montrent l'*aubier* et le *duramen* ou bois fait.

Il est une manière assez pratique et élégante de ranger les échantillons de bois dans la collection. On les taille en carré long, des dimensions d'un livre in-8° ou petit in-4° dont le dos est formé par l'écorce. On polit deux des faces qui correspondent aux tranches et aux plats. Ainsi se rend-on compte de l'aspect du bois suivant une coupe transversale et une coupe longitudinale. Cette collection se range comme des livres sur les rayons d'une bibliothèque; elle a l'avantage de tenir peu de place, et, comme elle est composée d'échantillons de mêmes dimensions, elle permet de se rendre compte assez bien du poids spécifique des divers bois. Les étiquettes faites de carte seront clouées avec deux petits clous à large tête sur le dos couvert d'écorce, ou elles seront remplacées par un numéro y collé et renvoyant à l'herbier ou à un catalogue manu-

scrit que l'on tiendra avec soin au courant. Il est encore plus pratique de remplacer ces numéros collés, qui peuvent se détacher,
par des chiffres tracés à l'encre ou avec de la peinture à l'huile
sur la tranche du bois avant qu'on ne la vernisse.

Récolte des palmiers, lianes, etc.

Dans les pays chauds, même sur le littoral méditerranéen,
on peut récolter des échantillons de palmiers. Pour les tiges,
il faut prendre ces échantillons de 20 cm. environ de longueur, et à différentes hauteurs,
près des racines, au milieu de l'arbre, à hauteur des feuilles. De ces dernières, on prendra
un échantillon comprenant la gaine A ou base
d'insertion de la feuille qui embrasse la tige
(*fig.* 31); un autre comprenant le pétiole jusqu'aux premières folioles B, d'autres des diverses portions de la feuille avec ses folioles prises
vers la base C, la partie moyenne D et E et
l'extrémité F. Il faut faire cinq tronçons pour
les grandes feuilles, deux ou trois pour les
moyennes; les petites peuvent se garder
entières. Mais même si l'on coupe toutes les
folioles d'un même côté, pour rendre l'échantillon moins encombrant, il ne faut jamais atta-

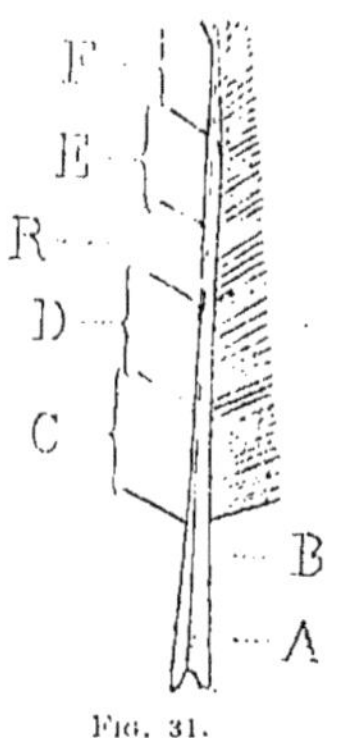

Fig. 31.

Régions à détacher dans
une feuille de palmier.

quer la tige centrale ou rachis, qui peut présenter des caractères importants. Pour faire les tronçons on la
sectionnera avec un sécateur. Les inflorescences des palmiers,
suivant leurs dimensions, se conservent entières ou divisées; on
les fait sécher dans du papier en les comprimant progressivement.
Si elles sont environnées de leur spathe, il faut les ficeler doucement après les avoir enveloppées dans du papier, les suspendre
dans un lieu sec et les laisser sécher longuement. Les fleurs et
les fruits qui se détachent sont recueillis soigneusement et on les
fait sécher dans des sachets numérotés du chiffre se rapportant à
un même échantillon. Certaines espèces de palmiers ont des fleurs
mâles et femelles sur la même inflorescence; d'autres les ont sur

des inflorescences différentes, mais sur le même arbre ; d'autres enfin sont séparées sur des arbres différents. Aussi les savants du Muséum ont-ils toujours recommandé aux voyageurs de noter tous ces rapports avec soin.

Quant aux lianes, les précautions à prendre pour leur récolte sont les mêmes en tous pays. Il ne faut pas recueillir d'échantillons ne portant ni fleurs ni fruits. Si l'on trouve une liane en fleur, en détacher un rameau avec feuilles, puis couper des portions de la tige et mettre à tous ces échantillons un même numéro. Pour ces portions de tige, il faut en prendre plusieurs, depuis la portion la plus grosse jusqu'aux extrémités les plus fines. De même, les rameaux portant les fruits seront, suivant leur nature, conservés comme il a été dit plus haut. Si l'on se trouve établi à proximité d'un pied, on fera successivement ses récoltes de rameaux fleuris, en fruits, et de portions de tige.

VI. — EMPREINTES VÉGÉTALES,
ESTAMPAGE.

Il existe bien des procédés pour fixer sur le papier des empreintes de plantes; celui qui donne le meilleur résultat paraît le procédé préconisé par Bartol. On se munit d'huile — l'huile à brûler ordinaire est d'un bon usage — de cendres fines, de plombagine ou mine de plomb en poudre, et de colophane également pulvérisée. On choisit une feuille de papier un peu épaisse dont on huile une des faces, puis on la replie sur son côté huilé de façon que les seules surfaces grasses soient en rapport, la feuille étant pliée en quatre. « Cette disposition a pour but de laisser filtrer l'huile très également à travers les pores du papier et d'éviter que la plante ne soit en contact direct avec elle. »

On dépose alors la portion de plante dont on veut prendre l'empreinte entre les rectos du dernier pli fait sur le papier huilé, qui, lui-même, peut être renfermé dans quelques feuilles de papier ordinaire et de même dimension que lui, afin d'être toujours disponible au moment du besoin. On effectue alors avec la main de douces pressions répétées qui ne tardent pas à faire adhérer un peu d'huile à la plante. Elle est alors retirée du papier huilé et on la transporte sur une feuille de papier blanc ou mieux entre deux, puisque, étant huilé sur ses deux faces, le végétal peut donner deux empreintes. On répète les pressions avec la main, très doucement, et en ayant bien soin de garder la plante immobile, car si elle variait de position sur le papier, l'épreuve serait complètement brouillée. Quand on croit que l'empreinte est prise — et c'est là une chose que l'expérience seule fera connaître, puisque cette empreinte est encore invisible — on retire la plante et on projette sur le papier de la plombagine en poudre que l'on promène partout, en agitant doucement la feuille, comme quand on veut sécher une lettre avec de la poudre. La plombagine adhère aux endroits que le contact de la plante a rendus gras, et le dessin apparaît en noir. « On peut se rendre compte de l'effet obtenu, le modifier au besoin, selon son goût et sa fantaisie, en augmentant ou en diminuant la quantité d'huile dans le papier huilé. » — On a proposé de remplacer la plombagine par du charbon en poudre impalpable ou par du noir de fumée, mais ces substances se détachent beaucoup plus difficilement du papier que la mine de plomb, et la feuille de papier reste toujours sale. On se débarrasse de la mine de plomb avec des cendres fines, promenées sur le papier; elles entraînent la plombagine avec elles en respectant le dessin.

Mais ce dessin ainsi obtenu est extrêmement peu solide sur le papier, tout comme un fusain ou un pastel. Il faut donc se servir d'un fixatif. Pour fixer solidement l'épreuve, il faut, dès le début de l'opération, mélanger à la plombagine une quantité égale de colophane. On chauffe le dessin en l'exposant à une chaleur suffisante pour faire fondre cette résine, qui incorpore la plombagine et adhère étroitement au papier huilé.

Si l'on veut obtenir des dessins colorés, on remplacera la plombagine par des poudres de pastel, en ayant soin de les mélanger avec de la colophane, et on chauffera de même à la flamme d'un foyer ou au moyen d'un fer chaud. En variant avec art les poudres colorées suivant les parties de la plante à reproduire, on arrivera à faire de jolies épreuves où les tiges, les feuilles et les fleurs seront représentées avec leur coloration naturelle. En outre on peut retoucher les manques et les défauts avec un crayon ou un pinceau et un peu de couleur à l'huile.

Ce procédé très joli ne laisse pas que de présenter des difficultés : il en existe de plus simples. En voici un, donné par Capus, qui est assez pratique: « On prépare une couleur quelconque en poudre avec de l'huile de pavot, et on en met une couche très faible sur du papier glacé très fort à l'aide d'un fin pinceau. On place ce papier sur une planchette bien rabotée. La feuille est couchée par sa face inférieure sur la couleur. Ensuite on soumet le tout à une pression très légère au moyen d'une seconde planchette dont on recouvre la première. Ceci a pour but de coller la couleur sur les nervures en saillie de la feuille, et en même temps de répartir également la pression sur toute la feuille et de maintenir celle-ci toujours à la même place, ce qui est une condition de succès. Ceci fait, on enlève la feuille, et on remplace le papier à couleur par du papier blanc, et on répète les mêmes opérations. Les nervures se dessinent et donnent l'empreinte. »

Il est encore un moyen qui présente l'avantage énorme de procurer un véritable cliché avec lequel on peut obtenir un grand nombre d'épreuves. Mais il n'est guère applicable qu'aux feuilles. On commence par se fabriquer une cuvette en carton de la grandeur de la feuille à reproduire; cette cuvette se fait avec une feuille de carton carrée dont on relève les bords à 1 cm. de hauteur et qu'on assemble à leurs angles avec de la colle forte. On gâche ensuite du plâtre de mouleur bien fin, à consistance crémeuse, et on en remplit la cuvette jusqu'aux bords. La feuille à reproduire ayant été légèrement huilée puis essuyée avec un linge fin sur la face que l'on veut reproduire, on applique cette face sur le plâtre mou, l'y faisant bien adhérer partout, et on attend que le plâtre soit pris. On retire alors la feuille et l'on en a sur le plâtre l'empreinte en creux. Du plomb, ou mieux de l'alliage de Darcet ainsi composé :

       Bismuth. . . . .   250 grammes.
       Plomb.   150   —
       Étain   90   —

étant convenablement fondu, on verse le métal en fusion dans l'empreinte, et quand il est refroidi on enlève ce cliché qui, étant encré comme une forme d'imprimerie, servira à tirer des épreuves sur le papier au moyen d'une pression suffisante. Si l'on est habile mouleur on peut, avec du plâtre d'albâtre très fin, faire des reproductions directes de feuilles. C'est en s'appuyant sur ces principes que l'on confectionne les fruits et les champignons, moulés en cire, et ensuite peints à l'huile.

VII. — LES PLANTES CRYPTOGAMES

(RÉCOLTE ET PRÉPARATION).

Les plantes cryptogames, c'est-à-dire les champignons, les mousses, les lichens, les hépatiques, les algues, ne se préparent ni ne se récoltent pas comme les autres végétaux. Il faut les recueillir, suivant leur taille, dans des boîtes ou des sacs, et ne pas mettre, surtout pour les champignons, trop d'individus ensemble. Les mousses et les lichens sont beaucoup moins fragiles. Quelques notions élémentaires, puisées dans un manuel de botanique, sont utiles pour le choix des échantillons, car il ne faut s'attacher à récolter que ceux dont les organes de fructification sont développés. Les lycopodiacées, fougères, prêles, etc., seront récoltées et préparées comme toutes les plantes phanérogames.

Mousses et Hépatiques.

Ces plantes qui vivent souvent fixées sur le tronc des arbres, sur les murs, les rochers, doivent être détachées, avec un couteau, de leur support. Mais cette opération doit être menée avec précaution pour ne pas altérer la base du végétal. Chaque échantillon récolté sera mis dans un petit sachet de papier sur lequel on écrira la localité et les circonstances de la trouvaille. En général on fera bien de laisser sécher les mousses avant de les mettre sous presse, soit en les exposant au soleil, soit en les gardant suspendues dans des sacs en papier. Après quoi on les disposera en herbier comme les autres plantes. Les marchantiées et certaines hépatiques doivent être mises sous presse encore fraîches, sans quoi elles se déformeraient sans remède.

Lichens.

On sait que les lichens représentent des petites colonies végétales formées de l'association d'un champignon et d'une algue, établies sur les corps les plus durs, comme les rochers, qui paraissent impropres à leur fournir aucune nourriture. Comme tous les lichens adhèrent fortement aux pierres ou aux arbres, il faut des outils solides pour les enlever sans les briser, et c'est une opération assez délicate. L'amateur de lichens devra emporter un *marteau*. Celui dont se servent les géologues est assurément le plus commode, mais, à la rigueur, tout autre peut faire l'affaire. Il aura aussi un *ciseau à froid* solide et de bonne trempe : c'est un outil à bon marché qu'on trouve chez tous les quincailliers; et un couteau à lame recourbée, sorte de petite serpette à fer solide et bien tranchant (*fig.* 32). Cet instrument servira à enlever les lichens des arbres avec le fragment d'écorce qui les supporte. On agira de même pour les rochers, en général, car il est presque impossible de détacher certaines espèces de pierres sans emporter une portion du support.

Fig. 32.

Serpette pour la récolte des lichens.

Les lichens récoltés seront mis au fur et à mesure dans des sachets de papier. Pour les garder en collection, on les colle sur une feuille de papier ou sur un carré de carton où l'on fixe leur support, pierre ou écorce, avec de la colle forte. Les préparations ainsi montées seront conservées dans des boîtes où l'on pourra disposer des réglettes ou de légers cadres en bois destinés à séparer les échantillons, que l'on déplacera au moyen d'un petit ruban collé après le carton qui les supporte.

D'une façon générale, l'étude de tous ces végétaux humbles, mousses et lichens, est une des parties les plus intéressantes de la botanique et aussi celle à laquelle on peut se livrer avec le moins de frais. Car il suffit de visiter les interstices des pavés d'une cour, le tronc d'un arbre, un vieux mur, pour y découvrir des merveilles, et à toutes les époques de l'année. Même quand la neige couvre la terre, l'amateur peut poursuivre ses recherches; c'est après les gelées qu'il fera souvent les meilleures trouvailles.

Faut-il toutefois être armé d'une bonne loupe afin d'examiner sur place les différentes espèces et ne pas les récolter absolument au hasard.

Champignons.

On peut dire la même chose des champignons dont tant d'espèces forment ces moisissures que l'on observe partout et qui sont si abondantes dans les lieux habités, où l'on peut, sans entreprendre la moindre excursion au dehors, récolter et observer à l'infini. Toutefois l'étude des champignons est un peu aride et elle demande des connaissances spéciales ; c'est pourquoi nous ne nous appesantirons pas beaucoup sur elle.

Les instruments utiles pour leur récolte sont : une boîte de botanique ou un de ces paniers que les pêcheurs à la ligne portent suspendu avec une courroie, une provision de papier buvard, des boîtes à pilules, quelques petits tubes et flacons à demi pleins d'esprit-de-vin à 45° centigrades.

Quand on trouve un champignon, il faut le détacher avec soin, sans l'endommager, du corps sur lequel il est fixé. S'il pousse dans la terre, on l'en extrait avec l'écorçoir ou la houlette ; s'il est fixé sur un tronc d'arbre, on enlèvera, avec un fort couteau bien tranchant, une partie de l'écorce qui lui sert de support ; et s'il est sur une branche, on coupera de celle-ci le tronçon qui supporte le cryptogame. Aussi est-il bon d'avoir toujours avec soi un de ces forts couteaux à plusieurs lames dont une taillée en dents de scie.

Les petits échantillons seront mis dans l'esprit-de-vin ; c'est, du reste, la meilleure méthode pour les conserver indéfiniment. Pour ceux qui sont un peu grands, on les enveloppera avec soin dans du papier buvard sans les déformer et on les mettra dans le panier ou la boîte en les disposant de manière à ce qu'ils ne s'écrasent pas. Les petits champignons que l'on veut conserver secs seront également entourés de papier buvard et mis séparément dans des boîtes à pilules.

La conservation des champignons est toujours fort difficile, étant données la contexture molle et la fragilité de la plupart des espèces. On pourra essayer de les suspendre par le pied au moyen de ficelles et de les laisser sécher dans un endroit bien sec et aéré. On pourra encore, après les avoir laissés sécher pendant quelques heures, douze ou vingt-quatre, dans des rognures de papier ou dans ces fibres de bois dont on se sert aujourd'hui pour l'emballage, ou même dans des copeaux, les enterrer pendant cinq ou six jours dans du sable blanc très sec. Ainsi préparés, ayant toutes leurs parties soutenues, ils ne se déformeront guère. Quand ils seront complètement desséchés, on les retirera du sable et on les brossera avec un pinceau pour les nettoyer.

Certains amateurs font bouillir les champignons dans une solution de salpêtre; d'autres les plongent dans de l'huile de goudron de houille, puis les font sécher.

Les champignons une fois secs seront conservés dans des boîtes en carton bien closes où l'on mettra un petit tampon de coton imbibé d'acide phénique pour éloigner les insectes.

Algues.

Suivant que ces plantes habitent la mer, les eaux douces, stagnantes ou courantes, les parois des grottes, les rochers, les troncs d'arbre, leur récolte se fait d'une manière différente. Pour les espèces terrestres, on les recueille comme les lichens et on peut les préparer de même, à moins qu'on ne préfère les conserver dans l'alcool. Pour les espèces aquatiques, on les récolte avec des dragues, des chaluts, ou un filet à mailles très fines monté sur un cercle de fil de fer au bout d'un manche de bois, tout comme un troubleau pour la pêche des animaux habitant l'eau. On les rapportera dans une boîte de botanique ordinaire ou, ce qui est très commode, dans un sac de molesquine dont la face vernie est en dedans, afin que les algues ne perdent pas leur humidité, sans quoi elles se détérioreraient immédiatement.

Quand on est installé au bord de la mer, ce qu'il y a de mieux à faire est d'aller à leur recherche à marée basse, dans les creux de rochers, sur les pièces de bois, etc. Il faut, avant toutes choses, se mettre bien avec les pêcheurs et leur demander la permission de visiter leurs filets au moment où ils les sortent de l'eau, car les mailles retiennent des quantités d'espèces d'algues habitant à d'assez grandes profondeurs. On devra emporter avec soi un petit seau en zinc à moitié plein d'eau de mer pour rapporter le résultat de ses recherches. Car il ne faut pas oublier qu'on ne doit pas traiter les algues marines par l'eau douce qui détériore leurs tissus.

Préparation.

Les grosses algues peuvent être mises entre des féuilles de papier, serrées et séchées comme les plantes ordinaires. On changera souvent le papier jusqu'à ce qu'elles aient perdu toute leur humidité, ce qui est long, ou les qualités hygrométriques des sels dont elles sont imprégnées. Les espèces les plus délicates doivent être préparées avec plus de soin et demandent un travail très minutieux.

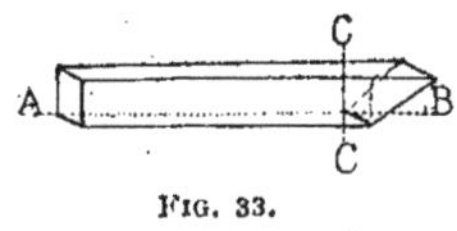

Fig. 33.

Cuvette pour la préparation des algues.

Nous empruntons à un savant botaniste, l'homme de France le plus autorisé en ces matières, les procédés qu'il a toujours recommandé d'employer. M. Bornet recommande de se munir, pour la préparation des algues, des objets suivants :

Une cuvette rectangulaire du genre de celles dont se servent les photographes, mesurant 60 cm. de long sur 47 de large et 6 de profondeur (*fig.* 33). On peut la faire fabriquer en ferblanc, et alors on

Fig. 34.

Cure-dent emmanché pour la préparation des algues.

aura soin de faire disposer un des petits côtés en plan incliné, à partir de 10 cm. sur la longueur du fond AB, dont la partie profonde ne mesurera plus que 50 cm. (A-C).

Le fond de cette cuvette, comme tout son intérieur, sera peint avec de la peinture à l'huile blanche, afin qu'on puisse bien distinguer les objets qui y sont plongés.

Une planchette de bois léger bien dressée, de 44 cm. de long sur 28 de large et 6 mm. d'épaisseur.

Deux ou trois aiguillons de porc-épic des plus petits qu'on pourra trouver. On peut les remplacer par des cure-dents emmanchés de telle sorte que leur extrémité pointue soit libre (*fig.* 34).

Des ciseaux fins, des pinces fines. Ces objets, s'ils sont en fer ou en acier, s'altèrent rapidement au contact de l'eau de mer; on fera bien de les vernir souvent avec du vernis incolore à métaux que l'on trouve chez tous les marchands de couleurs.

Une éponge fine, un gros pinceau bien mou et de forme aplatie comme une brosse de peintre.

Un *égouttoir*, que l'on peut se construire soi-même. C'est un cadre en bois léger de 92 cm. de long sur 46 de large, fait comme un châssis de toile à tableaux, et sur lequel on tend un morceau de calicot ou de toile blanche.

Une solution de gomme *adragant* que l'on dissout dans l'eau à consistance sirupeuse, de telle sorte qu'elle soit filante.

Du papier semblable au papier à herbier, mais un peu plus fort, blanc, *bien collé*. On recommande de s'abstenir des papiers pourvus de particules ferreuses qui deviendront après l'immersion autant de taches de rouille.

Du papier à sécher, épais, non collé, également dépourvu de fer.

Un assortiment de morceaux de calicot sans apprêt.

Du papier suiffé. « Pour le préparer, on frotte rapidement un pain de suif (ou un morceau de chandelle dont on a enveloppé l'extrémité dans du papier) sur la feuille de papier de manière à faire pénétrer le corps gras dans toutes ses parties. Puis, avec un tampon ou un rouleau de peau douce, on étale uniformément la couche de suif en frottant assez fort tantôt dans un sens, tantôt dans l'autre. Il est important de ne pas mettre trop de suif et de l'étendre bien également, car le papier à préparer serait inévitablement taché d'une manière irréparable. On reconnaît que le papier est bien fait, lorsque sa surface est lisse et brillante et qu'elle adhère très légèrement au doigt. Le papier à suiffer doit être blanc, fortement collé, lisse et très épais; le papier bulle ordinaire est impropre à cet usage. Il est bon de suiffer un seul côté de la feuille et de tracer sur l'autre un signe très apparent qui permette de reconnaître sans hésitation et sans perte de temps le côté suiffé. »

Des planchettes de bois ou de carton fort qui serviront à presser les plantes, ou des châssis en toile métallique comme nous les avons décrits précédemment.

« La cuvette étant, dit M. Bornet, remplie d'eau de mer ou d'eau douce, suivant les plantes à préparer, je place un échantillon sur son bord incliné. Après l'avoir étalé grossièrement avec les doigts, j'enlève, avec les ciseaux et les pinces, les corps étrangers, les plantes parasites, et si l'individu est trop touffu, je l'éclaircis en le divisant ou en supprimant quelques-unes des branches. Cela fait, je prends une feuille de papier de grandeur proportionnée à la dimension de la plante, et je la glisse sous l'échantillon. Cette opération s'exécute avec facilité si l'on a eu soin de mouiller légèrement, en l'appliquant à la surface de l'eau, un côté du papier dans une étendue de 4 ou 5 cm., et en introduisant la partie mouillée tournée en dessus.

« J'écarte alors les diverses parties de la plante, qui est maintenant en place, avec un doigt de la main gauche posé sur sa base, en me servant de l'aiguillon de porc-épic. Il faut chercher autant que possible à conserver le port de l'individu vivant, à étaler et a ouvrir les rameaux de manière à laisser voir la ramification. Puis je retire doucement le papier, en dérangeant l'échantillon le moins possible, et je le dépose sur la planchette que j'ai mise à plat sur un des angles de la cuvette. Saisissant alors la planchette de la main gauche, je nettoie avec l'éponge les bords du papier; je fais couler de l'eau en divers sens, de manière à enlever toutes les impuretés interposées entre les rameaux. Plaçant enfin obliquement la planchette sur le bord de la cuvette le plus rapproché de moi, de façon qu'elle soit bien horizontale, je verse doucement de l'eau sur le centre de l'échantillon qui devient à demi flottant et auquel je mets la dernière main avec l'aiguillon et le pinceau, en ayant soin d'étirer les rameaux le moins possible. Cette dernière précaution est indispensable pour empêcher les échantillons de se décoller. Il suffit de faire basculer légèrement et lentement la planchette pour que l'eau s'écoule dans la cuvette et que la plante, suffisamment épongée, puisse être disposée avec précaution sur l'égouttoir.

... C'est à ce moment que je fais tomber sur la base de l'échantillon quelques gouttes de solution de gomme destinée à fixer au papier les plantes qui n'y adhèrent pas. »

On doit tenir l'égouttoir assez incliné, de façon à ce que les eaux s'écoulent dans une terrine sur laquelle on l'appuie inférieurement. On remarquera que la gomme adragant ne doit jamais être remplacée par la gomme arabique, car celle-ci rend le papier brillant et le fait crisper.

« Lorsque l'égouttoir est couvert d'échantillons — continue M. Bornet — et dans tous les cas avant que le papier ait fini de sécher, je procède à la dessiccation. Je place sur une planche (ou un châssis en toile métallique comme nous l'avons dit) un coussin de six feuilles doubles de papier gris, une quantité suffisante d'échantillons pour le couvrir, un morceau de calicot, un coussin, et je répète cette superposition jusqu'à épuisement des échantillons préparés. Je mets une planche sur le dernier coussin, et sur la planche un poids de 20 kilogrammes. » On peut remplacer les

planches par des grilles en toile métallique que l'on serre fortement avec de bonnes courroies. Celles-ci devront toujours être achetées chez un sellier et avoir leurs boucles en fer forgé, car les courroies des bazars ont leurs boucles mal assemblées et qui se rompent dès qu'on opère une forte traction.

Les algues ainsi serrées ne devront pas rester plus d'une heure et demie sous presse ; on les changera alors de papier en commençant naturellement par celles qui ont été traitées les premières. On retire les courroies ou le poids. On enlève ensuite le coussin supérieur ; puis on décolle avec soin le calicot en commençant par la base.

« Si le calicot adhère ou s'enlève difficilement, parce qu'une plante disposée en éventail présente de tous les côtés le sommet de ses ramules qui s'élèvent avec lui, on introduit l'aiguillon de porc-épic entre le calicot et la plante et l'on en opère la préparation en commençant par la base. Enfin, si ce moyen ne suffisait pas, on poserait une éponge humide sur le calicot et on l'enlèverait avant que le liquide ait pénétré jusqu'au papier (*fig.* 35).

« Les échantillons, disposés sur une feuille double de papier gris sec, sont recouverts de carrés de papier suiffé de grandeur convenable, puis d'une feuille de papier gris, et ainsi de suite. Les espèces dures, épaisses ou à base très grosse doivent être séparées au moyen de planchettes que j'intercale, d'ailleurs, de distance en distance, de manière à diviser le paquet en un certain nombre de plus petits. Je mets alors le tout en presse et je serre légèrement une heure ou deux après, je change le papier gris sans toucher au papier suiffé, je comprime davantage et j'abandonne les choses à elles-mêmes. Le lendemain, je fais la même opération matin et soir; le surlendemain, je recommence de la même façon. La plupart des espèces étant sèches alors, je supprime le papier suiffé, qui doit s'enlever sans effort, et je termine par une pression assez énergique des échantillons secs placés entre des feuilles de papier lisse, afin de rendre au papier à préparer le grain uni que l'immersion dans l'eau lui a fait perdre.

« Telles sont — conclut M. Bornet — les règles générales de la préparation des algues. Il y a toutefois quelques modifications à introduire dans ces procédés suivant la nature des espèces que l'on a recueillies. »

Le plan modeste de notre ouvrage ne nous permet pas de suivre le savant botaniste dans ces détails et nous renvoyons les amateurs, que l'étude des algues viendrait à intéresser par la suite, aux instructions que M. Bornet a publiées dans les *Mémoires de la Société d'histoire naturelle de Cherbourg* (tome IV, 1856). — Ce travail a été reproduit par M. B. Verlot dans son excellent *Guide du botaniste herborisant*, Paris, 1879, in-16; et dans les *Conseils aux voyageurs naturalistes* de M. Filhol. Paris, 1894, in-4°.

Pour les ouvrages élémentaires de botanique générale qui pourraient être utiles aux débutants, nous recommanderons toujours les plus simples et parmi ceux-ci un des meilleurs est assurément la *Nouvelle Flore pour la détermination facile des plantes*, par Gaston Bonnier et G. de Layens. Paris, 1892, in-16.

ZOOLOGIE

I. — EMPAILLAGE DES OISEAUX.

On se figure, en général, que rien n'est plus difficile que d'empailler les oiseaux, et en vérité c'est une opération, ou pour mieux dire une série d'opérations faciles, ne demandant que du soin et nécessitant peu d'outils.

Instruments.

Une ou deux paires de ciseaux, une grande et une petite, ayant autant que possible les lames courtes et non pointues à l'extrémité. Un scalpel ou un canif à plusieurs lames bien aiguisées. Une paire de pinces du modèle dit *brucelles*, dont se servent les compositeurs d'imprimerie et qu'on trouve chez tous les quincailliers. Du fil et des aiguilles, une provision de coton, un peu de plâtre fin, un morceau de bois blanc quelconque. Enfin un gros pinceau mou ou à son défaut une petite brosse douce, et du savon arsenical ou quelque autre préservatif.

Préparation.

Pour empailler un oiseau, il faut d'abord ce qu'on appelle le *mettre en peau*, c'est-à-dire l'écorcher et bourrer ensuite la peau pour rendre à l'animal sa forme première. On commence par bien lustrer le plumage de l'oiseau, par essuyer le bec et les narines ainsi que l'anus, et y mettre un peu de coton pour empêcher que le sang ou quelque autre liquide ne s'écoule pendant l'opération et ne vienne tacher les plumes. Si l'oiseau a été tué au fusil, il faut saupoudrer de plâtre les parties du plumage où il y a du sang, puis brosser les plumes en remettant du plâtre jusqu'à ce qu'on ait bien tout séché.

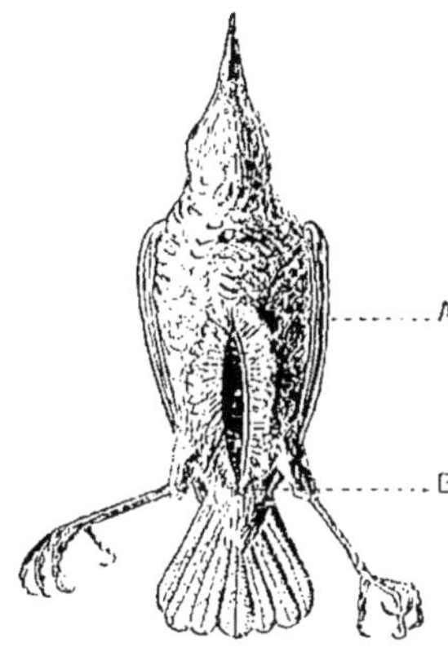

FIG. 36.

Préparation d'un oiseau; incision du ventre de l'animal.

On s'installe devant une table sur laquelle on a mis quelques feuilles de papier que l'on aura toujours soin de changer quand elles seront salies, afin de ne pas tacher le plumage de l'oiseau. On dispose ses outils à sa droite, la boîte ou l'assiette contenant le plâtre bien à portée de la main, et on met une serviette sur ses genoux. L'oiseau est posé sur la table le ventre en l'air, la queue dirigée vers l'opérateur. On écarte alors doucement les plumes du ventre de façon à découvrir la peau depuis l'anus jusqu'au sternum ou bréchet. Alors, avec le canif, on incise la peau à la pointe du bréchet, mais peu profondément, de manière à ne pas entamer les parties situées sous la peau et on prolonge l'incision jusqu'à l'anus (*fig.* 36). Si l'opération est bien faite, les entrailles ne doivent pas sortir, la peau seule étant coupée de A en B. On saisit alors déli-

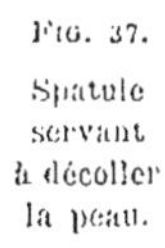

FIG. 37.

Spatule servant à décoller la peau.

catement la peau du côté droit, et par des tractions douces on la
décolle sur les côtés en ayant soin de saupoudrer toujours de
plâtre pour que les plumes ne se collent pas. A
défaut de plâtre, on peut employer du sable sec
ou du papier buvard coupé en petits morceaux
que l'on applique sur les chairs à mesure qu'on
les découvre. On continue à décoller la peau avec
les ongles de haut en bas; on peut s'aider pour
cela d'une petite spatule en bois que l'on se
fabriquera soi-même en lui donnant la forme
d'une rame (*fig.* 37) et en la polissant bien avec
du papier de verre. Quand on a bien décollé la
peau tout autour de l'incision, il faut s'occuper
de séparer intérieurement une des pattes en la
coupant, sans entamer la peau, aussi près que
possible du tronc.

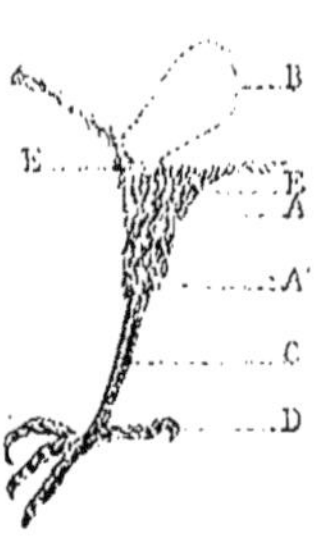

FIG. 38.

Patte d'oiseau.

Pour rendre les explications suivantes plus intelligibles, nous
ferons remarquer que ce qu'on appelle la *cuisse* ou *pilon* A d'un
oiseau (*fig.* 38) est à la vérité sa
jambe ou son *tibia*, la cuisse étant
collée au corps et ne se voyant pas
hors du corps. La *jambe* sèche et
couverte ordinairement d'*écailles*
ou *scutelles*, est à proprement parler le *tarse* à quoi font suite les
doigts D qui composent le pied. Le
talon se voit en A'.

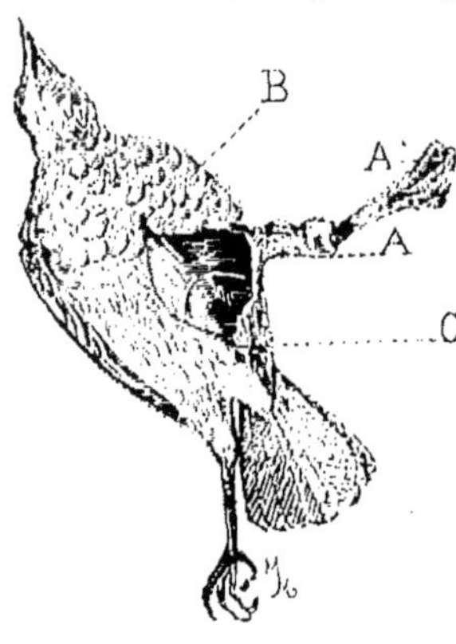

FIG. 39.

Extraction de l'os de la jambe
pour le nettoyage.

L'opération va donc consister à
séparer la jambe, le pilon A, de la
cuisse B, suivant la ligne E. Pour
cela, on prend dans la main droite
le tarse de la patte droite en tenant
le corps fixé par deux doigts de la
main gauche appuyés sur le corps
à la région écorchée. On pousse de
bas en haut la patte, dont l'articu-
lation vient faire saillie au ras du corps. On saisit cette articulation entre le pouce et l'index gauches, et avec les doigts de la main

droite on la découvre le mieux possible; puis, prenant les ciseaux, on la coupe doucement, en ayant bien soin de ne pas atteindre la peau, et on sépare le pilon du corps.

Saisissant alors la tête du pilon que l'on fait sortir en poussant encore le tarse, on la dégage en coupant les quelques muscles qui restent encore attachés à la peau et au corps, et on la tire au dehors en rabattant la peau. Il faut sans cesse saupoudrer de plâtre pendant l'opération afin que les plumes qui se rabattent un peu dans tous les sens ne se collent pas. Le pilon A (*fig*. 39) est donc séparé du corps et dépouillé jusqu'au talon A' et le corps apparaît par l'ouverture B et C. Avec le canif on enlève toutes les chairs du pilon A de manière à n'en laisser que l'os, on enveloppe cet os, toujours attaché au talon, avec du papier, et on saupoudre toutes les parties retournées de la peau avec du plâtre. C'est alors qu'il faut songer à séparer le croupion du reste du corps. Pour cela on prend la queue de la main gauche et on la replie à angle droit avec le corps; puis, avec les ciseaux, en allant très doucement, on coupe les os à hauteur de l'anus en ayant bien soin de tâter, avec un des doigts de la main gauche appuyé au dehors, si les ciseaux n'entament pas la peau. On ne saurait aller trop lentement pour cette opération, ni se servir de ciseaux trop ronds du bout, car les ciseaux pointus perceraient la peau si l'on n'avait pas une très grande habitude. Le croupion détaché, ce dont on s'apercevra quand on verra que la queue ne tient plus que par la peau, on détachera le pilon gauche en faisant absolument comme pour le pilon droit, mais l'opération sera beaucoup plus facile, car la peau étant déjà très détachée du corps se prêtera bien mieux à l'opération.

Les deux pilons ainsi dégagés, retournés et dépouillés de leur

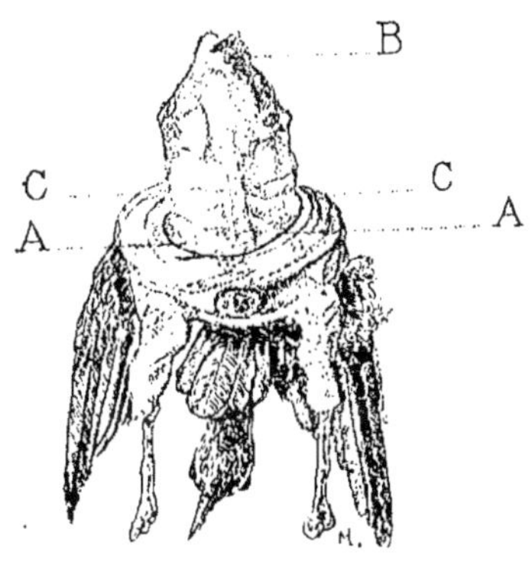

Fig. 40.

Manière de dépouiller un oiseau.

chair, on retournera le croupion en ayant bien soin de laisser après la queue la masse osseuse (coccyx) où sont insérées les plumes, qui sans cela se détacheraient. Avec le canif on débarrassera ce croupion de la graisse et de la chair qu'il contient, on le saupoudrera de plâtre et on s'occupera de dépouiller l'oiseau en retournant la peau sur son corps jusqu'à arriver aux épaules.

Cette opération est facile. On saisit avec les pinces ou les doigts la région postérieure du corps B (*fig.* 40), et on tire de la main droite en tenant l'oiseau la tête en bas, tandis que la main gauche, mollement serrée autour du corps, rabat la peau, qui se retourne comme un bas ou un gant. Si par endroits de petits muscles retiennent la peau au corps, on les coupe le plus près possible de celui-ci en ayant bien soin de ne pas faire de trous à la peau. Surtout, il ne faut jamais, quand on éprouve une résistance, tirer brusquement. Mais on doit se rendre compte de la nature de l'obstacle, détacher la peau avec les ongles, et la rabattre doucement, et bien également, tout autour du tronc, qui ne tarde pas à être découvert jusqu'aux épaules A, A.

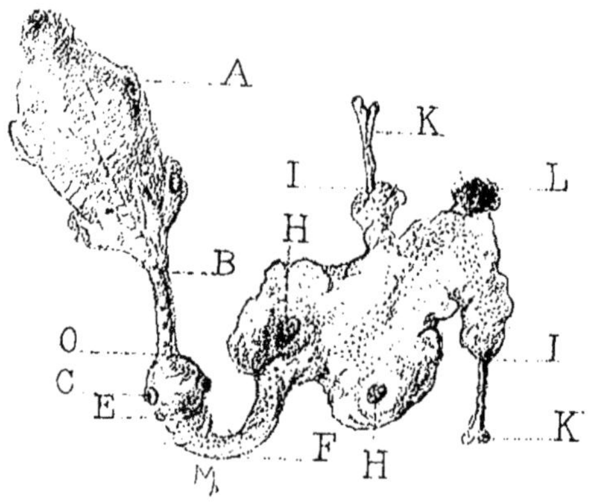

FIG. 41.

Oiseau presque entièrement dépouillé; la peau ne tient plus qu'à la tête.

On saisit alors l'articulation d'une des ailes du côté de la poitrine, à la hauteur A, au ras du corps, avec la main gauche, puis prenant l'aile elle-même de la main droite on la pousse doucement de bas en haut, de façon à ne pas froisser ses plumes. Quand l'articulation fait saillie, on choisit bien le joint des os de l'épaule et avec le canif on les sépare, puis on coupe les muscles avec soin ; la main gauche saisit alors le tronçon de l'aile, que l'on dégage en le dépouillant un peu avec la main droite. On ne découvrira les os que plus tard. La seconde aile est intérieurement détachée comme la première et on rabat la peau jusqu'au cou. C'est alors que commence l'opération délicate.

Il faut bien renouveler le coton du bec et des narines après les avoir garnis de plâtre, verser du plâtre sur les yeux qu'on ouvrira, et sur les plumes de la tête. On continue alors à dépouiller, ce qui devient très facile, la peau complètement retournée descendant facilement, et bientôt le corps ne tient plus à la peau que par la tête. Doucement on découvre celle-ci en dédoublant un à un tous les plis que fait la peau et on voit bientôt la base du crâne. S'aidant des ongles, on découvre le crâne jusqu'aux oreilles dont on voit les membranes qui s'enfoncent dans le crâne. On doit séparer ces membranes en enfonçant le canif très profondément du côté du crâne, et tout autour, pour ne pas déchirer la peau. Quand on en est arrivé à ce point, l'oiseau est dans la position qu'indique la figure 41. Le corps A avec son cou B ne tient plus à la peau que par le crâne, et les yeux C, une fois que les oreilles E ont été détachées, apparaissent au dehors. La peau est complètement retournée avec les moignons d'ailes H, les pilons K, I et le croupion sont plus ou moins sortis. Il faut maintenant enlever les yeux, opération délicate, et surtout ne pas les crever, car les liquides qu'ils contiennent, en s'écoulant par les paupières, tacheraient les plumes presque irrémédiablement. Découvrant la tête le plus possible en tendant la peau, on coupe avec précaution la membrane qui entoure l'œil et rejoint les paupières en ayant soin de ne pas la sectionner trop près de la peau. On la coupera en cercle avec les ciseaux, tout autour du globe de l'œil. Les yeux étant découverts, on les enlève des orbites avec beaucoup de prudence, en glissant derrière eux la spatule de bois et en les faisant sauter avec les pinces; mais toujours faut-il les couvrir de plâtre pour que, s'ils venaient à se crever, les liquides et humeurs se coagulent de suite.

On prend alors des ciseaux et on coupe la base du crâne comme est tracée la ligne O; le cou ne tient plus à la tête que par le gosier et la langue que l'on enlève en les détachant doucement à petits coups de ciseaux, sans couper la peau. Et on jette encore du plâtre sur la peau de la tête. Le cerveau sera retiré par la large ouverture qu'on a faite au crâne, au moyen de la spatule, des pinces, d'un cure-oreille ou de tout autre instrument. Avec les ciseaux et les pinces on nettoie bien le crâne en arrachant toutes les parties molles, puis on enveloppe toute la région comprise de la tête jusqu'aux épaules dans un linge à peine humide. Le corps peut être jeté, car on n'en aura plus besoin.

C'est alors le moment de dépouiller les ailes. On procède comme pour les pattes, en tirant l'os et en rabattant la peau avec les ongles jusqu'à ce qu'on soit arrivé à cet endroit de l'avant-bras où la peau forme un repli parmi les muscles. Il faut quelque habitude pour bien la détacher à cette place sans faire de trous à la peau. Mais on y parvient facilement, surtout quand on a affaire à un oiseau ayant la peau solide. On peut alors tirer assez fort, de telle manière que l'on voie bien la ligne suivant laquelle la peau est repliée et collée sur elle-même, et qu'on la sépare en la dédoublant avec la pointe du canif. Cette difficulté vain-

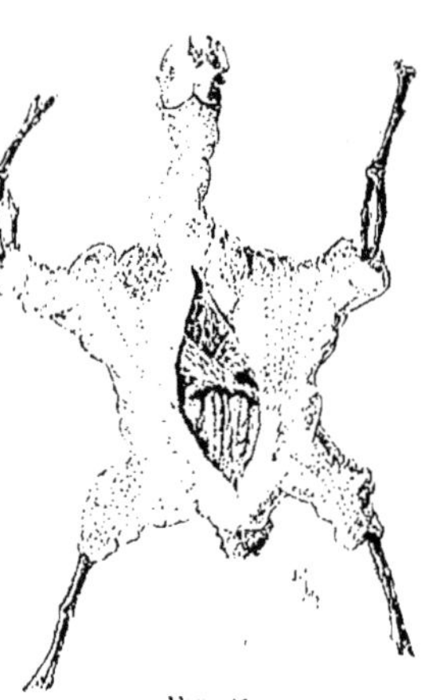

Fig. 42.

Aspect de l'oiseau entièrement
dépouillé.

cue, le reste de l'aile se dépouille tout seul; mais il faut avoir soin, quand on arrive au bout, de ne pas détacher les racines des plumes qui sont implantées dans les os, sans quoi les rémiges de l'aile se détacheraient. On enlèvera la chair des os avec le canif en les grattant avec soin; et les os de chaque aile, une fois net-toyés, seront entortillés dans du papier, afin que les plumes ne s'y tachent pas.

La peau est alors complètement retournée (*fig.* 42) et tiennent seulement après elle les os des ailes, des pattes, du crâne et du croupion. C'est le moment de bien nettoyer cette peau, d'en déta-cher toutes les parties charnues ou graisseuses, que l'on enlè-vera avec le dos du canif en râclant doucement. Si l'on voit quelque trou, on le recoudra en serrant légèrement les bords de l'ouverture à points de suture, avec une aiguille fine et du fil assorti. Puis on remplira le crâne avec du coton ; mais avant, on le badigeonnera avec du savon arsenical ou savon de Bécœur. Ce produit, que tous les pharmaciens savent fabriquer d'après les formules du Codex, est indispensable pour traiter les peaux d'animaux, qui ne tarderaient pas sans cela à être dévorées par les insectes parasites. On l'emploie dissous dans l'eau à consistance crémeuse et on l'étale avec un petit pinceau. Mais, si l'on n'a pas de savon arsenical sous la main, on essayera de le remplacer par quelque préservatif similaire que l'on pourra fabriquer soi-même. On fera une épaisse solution de savon ordinaire, savon blanc ou savon de Marseille, à laquelle on mê-

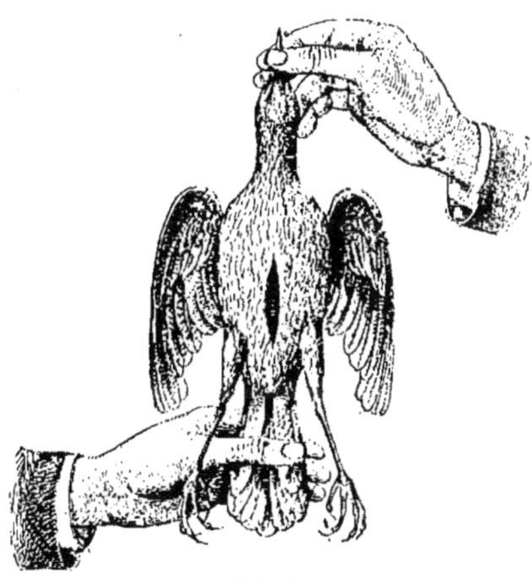

FIG. 43.

La peau de l'oiseau retournée à l'endroit.

lera une forte quantité de tabac à priser. Les fumeurs pourront se servir pour cet usage de jus de pipe qu'ils obtiendront en nettoyant les tuyaux avec de l'esprit-de-vin. La liqueur âcre ainsi obtenue rendra de très bons services. Mais il vaut encore mieux mêler au savon de la poudre insecticide Vicat, connue vulgairement sous le nom de poudre à punaises : c'est un excellent préservatif contre les insectes destructeurs des collections.

On badigeonne avec le préservatif les os du crâne à l'extérieur comme à l'intérieur, on en remplit les cavités avec du coton. On enduit de même les os des ailes, des pattes, du croupion, on les entortille de coton, et on donne une bonne couche à la peau. C'est alors qu'il va falloir retourner la peau et user de précautions pour ne pas tacher les plumes avec le savon. On commence par poser la peau sur un papier, puis on se lave soigneusement les mains. Nous recommandons à ce propos d'avoir toujours près de soi une cuvette ou une terrine à demi remplie d'eau où l'on a mis quelques gouttes d'acide phénique, de telle sorte qu'on puisse s'y tremper les mains si on venait à se couper.

Quand on s'est essuyé les mains, on saisit de la main gauche, avec un morceau de papier, pour ne pas se salir, le crâne de l'oiseau et l'on élève la peau au dessus de la table. On enlève le papier taché de savon arsenical et on le remplace par un autre sur lequel on jette du plâtre avec la main droite. De cette main on saisit une aile par ses grandes et fortes plumes et on la sort avec précaution par l'ouverture de la peau en faisant rentrer les os; il suffit de tirer doucement de haut en bas en gardant la main gauche immobile. Cette aile sortie, on jette dessus du plâtre dans le voisinage de la peau, puis on sort l'autre en usant des mêmes précautions. On sort ensuite les pattes, et on rentre le croupion en tirant la queue. Il faut alors poser la peau, ainsi remise à l'endroit à l'exception du cou, sur le papier, et on met sous le cou un

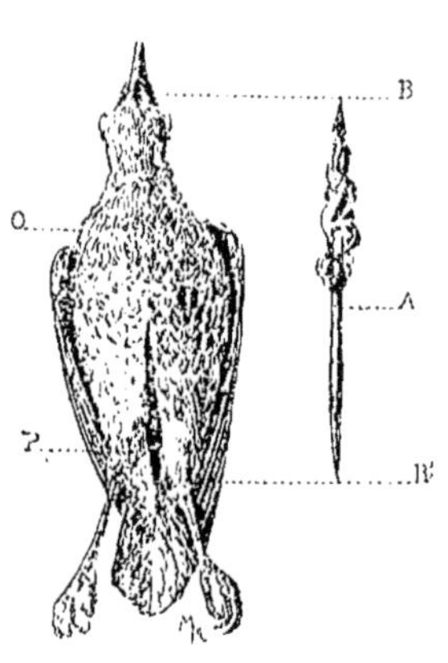

Fig. 44.

Opération du bourrage à l'aide
d'une brochette (A).

papier distinct, en prenant bien soin que le savon arsenical ne touche pas aux plumes. De la main gauche, on pousse le crâne dans la peau de la tête; les doigts de la main droite cherchent le bec à l'intérieur de la peau du cou. Dès qu'ils ont pu sortir le bec, ils le tirent, et la main gauche, lâchant la peau, s'en va saisir la queue qu'elle tire doucement, pendant que la main droite s'élève en l'air tenant toujours le bec. Ainsi la peau se trouve complètement retournée (*fig.* 43). On enlève les papiers sales, on les remplace par d'autres, et on couche la peau sur la table; c'est le moment de procéder au bourrage. Mais on commence par lisser les plumes, redresser celles qui sont hérissées en passant la pince sous la peau. Cela est particulièrement utile pour les plumes de la tête, qui se dérangent quand on retourne le cou. On passe une grosse aiguille sans pointe aiguë, ou les pinces, si elles sont fines, par les paupières, jusqu'à venir sous la peau de la tête, et, en grattant celle-ci, on relève les plumes auxquelles on rend leur attitude avec le pinceau ou la brosse.

Pour bourrer, l'on prépare une petite brochette de bois blanc, grosse comme une allumette, un cure-dent ou un porte-plume, suivant la taille de l'oiseau, et on lui donne une longueur un peu inférieure à celle du corps de l'oiseau jusqu'à la hauteur des yeux. Soit A la brochette de bois (*fig.* 44), BB' la longueur de l'oiseau O. Cette brochette est taillée en pointe à ses deux extrémités, et on enroule tout autour du coton tenu très lâche, jusqu'à lui donner une grosseur moindre d'un quart environ du volume du cou de l'oiseau. On entre cette brochette, cette poupée ainsi faite, par l'ouverture de la peau P, et on la dirige vers la tête en la faisant glisser doucement jusqu'à ce qu'elle pénètre dans la partie supérieure du bec, où on la fiche en appuyant celui-ci dessus. Cette opération, pour être menée à bien, veut que, la brochette tenue verticale de la main gauche, ce soit la main droite qui tienne le bec et le pousse sur le bois. On fait alors passer la brochette dans la main droite, on saisit l'oiseau par le bec de la main gauche, et on pousse le coton, en remontant, de manière à ce que ce coton aille dans le cou et la gorge, tandis que la main gauche appuie fortement sur le bec.

Ainsi on évite de faire des peaux d'oiseaux à cou long et maigre qui sont toujours d'un aspect disgracieux. On fixe ensuite l'autre bout de la brochette dans le croupion, et, la peau couchée sur la table, le ventre en l'air, on bourre doucement de bas en haut en allant vers la tête. La main droite tient la pince chargée de petites balles de coton et les pousse vers la gorge; la main gauche tient celle-ci, la modèle, et soulève la peau à mesure qu'elle se bourre.

Quand on est arrivé à hauteur des ailes, on remet celles-ci en place en les repliant le long du corps dans la position qu'elles doivent occuper; on les maintient avec la main gauche tandis qu'on continue à bourrer. Puis, quand toute la poitrine est bourrée, on les laisse retomber à plat sur la table. On bourre le ventre, puis on ramène les plumes avec la peau pour cacher l'ouverture.

Les plumes seront lissées avec un pinceau, et l'oiseau ayant repris la forme et l'aspect qu'il avait avant d'être écorché, on le laisse sur la table et on fait un cornet de papier bien propre, de sa grosseur, un peu plus étroit cependant. On introduit alors l'oiseau dans le cornet, la tête la première, en tenant bien les ailes pour qu'elles ne se déplacent pas.

Beaucoup d'amateurs, avant de procéder à cette opération, ont l'habitude de réunir par un point, avec du fil, les deux talons des pattes. La précaution est bonne, parce que l'oiseau ainsi arrangé a meilleure mine. L'oiseau est poussé dans le cornet d'où seules les pattes et la queue dépassent (*fig.* 45). On écrira sur le cornet les renseignements utiles, le sexe de l'oiseau, la couleur de ses yeux, la date de sa capture. On laissera sécher en place pendant quelques jours.

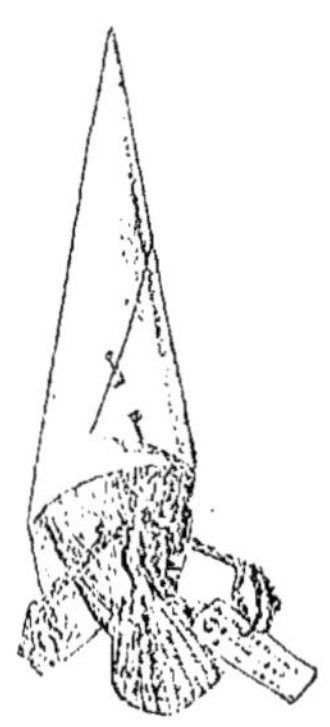

Fig. 45.

Peau mise en cornet.

Au bout d'une semaine, quinze jours au plus, la peau sera complètement sèche et l'oiseau pourra se conserver indéfiniment. On attachera alors à l'une de ses pattes une petite étiquette où seront inscrits, outre les indications ci-dessus mentionnées, son nom scientifique et ses noms vulgaires. Les sexes s'indiquent par les signes abréviatifs suivants : mâle, ♂ ; femelle, ♀.

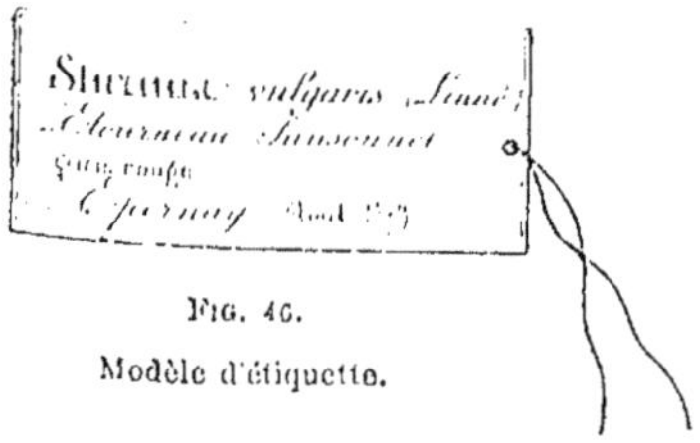

Fig. 46.

Modèle d'étiquette.

Voici le modèle d'une de ces étiquettes (*fig.* 46). On peut les faire en carton léger, avec des cartes de visite, du parchemin. On passera dans un trou un fil que l'on nouera fortement au point où les extrémités se relieront à la patte de l'oiseau.

Collections.

Les collections d'oiseaux en peau sont de beaucoup les plus pratiques, les plus économiques, et ce sont celles qui tiennent le moins de place. On range les peaux dans des tiroirs, dans des boîtes, où elles se conservent bien et ne perdent pas leurs couleurs au contact de la lumière, comme cela arrive trop souvent pour les exemplaires montés sur des perchoirs et conservés dans des armoires vitrées.

Le seul soin que demandent ces collections est d'être visitées fréquemment pour que les insectes parasites ne s'y installent pas. Le camphre, la naphtaline, le papier d'eucalyptus au thymol, l'essence de serpolet, l'acide phénique, sont les meilleurs préservatifs. On mettra dans un coin du tiroir ou de la boîte un tampon de coton imbibé de ces substances et fixé par une épingle. La naphtaline et le camphre peuvent être laissés en contact avec les oiseaux, dont ils n'abîmeront pas le plumage.

Sur quelques cas exceptionnels de préparation.

Le procédé de mise en peau que nous avons indiqué est applicable à tous les oiseaux. Il en est toutefois quelques-uns qui demandent à être empaillés ou dépouillés d'une manière particulière.

Si l'on a affaire à des oiseaux qui, comme certaines espèces de pics ou de perroquets, ont une tête très grosse et un cou très étroit, on ne peut dépouiller le cou en retournant la peau ni faire passer la tête. On pourra dans ce cas procéder comme pour les oiseaux ordinaires, puis, arrivé au cou, fendre la peau de ce dernier dans la région du dos, détacher le cou, et faire passer la tête par l'ouverture; après quoi, quand toute la peau aura été retournée, nettoyée, passée au savon, que la tête aura été bourrée, on recoudra cette ouverture.

Pour les oiseaux de grande taille, comme les oies et les tailles au-dessus, on ne peut guère dépouiller les ailes par le procédé ordinaire. Après avoir retourné la peau et dégagé le plus possible le premier os de l'aile près de l'épaule, on fendra l'aile en dessous dans sa longueur, suivant la ligne des os, et on la dépouillera avec la lame du scalpel en enlevant toute la chair, qu'on remplacera par de la filasse hachée avec du savon arsenical.

Les oiseaux à long cou ne doivent pas être bourrés avec une brochette en bois : on les bourrera simplement avec de longues pinces, on poussera de l'étoupe dans le cou, et pour faire sécher l'oiseau on lui prendra le corps dans un cylindre de papier à hauteur des ailes et on lui repliera le cou de côté (*fig.* 47). On maintiendra les longs becs fermés au moyen d'une épingle et, pour les espèces qui, comme tant d'oiseaux d'eau ont les pieds palmés, on badigeonnera ceux-ci de savon arsenical en ayant soin de les envelopper après dans des linges qui empêchent les plumes de se souiller. Nous ne recommandons pas le papier pour cet usage, car il se colle aux parties et c'est tout un travail pour le détacher.

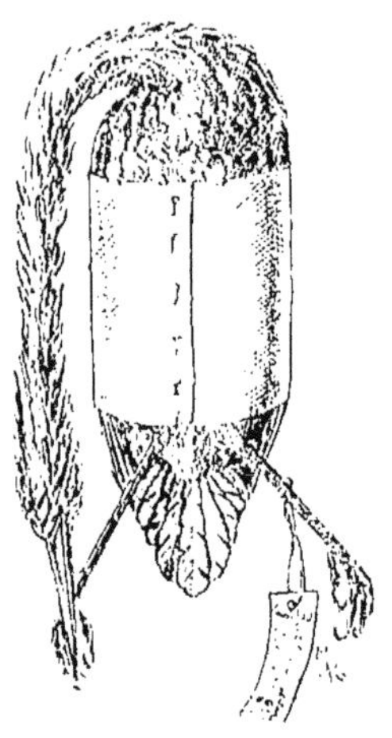

Fig. 47.

Oiseau pris dans le cylindre de papier.

Montage des oiseaux.

Le montage des oiseaux est l'ensemble des opérations par lesquelles on rend à ces animaux leur attitude naturelle et comme une apparence de vie. Mais c'est un travail difficile et à proprement parler une besogne d'ouvrier. Nous donnons toutefois les premiers principes pour ceux qui voudraient s'exercer dans le montage.

Il faut avoir, comme outils, des pinces à tordre le fil de fer comme on en trouve chez tous les quincailliers, une paire à mors plat et une paire à mors rond (*fig.* 48) pour faire des anses bien arrondies; des pinces coupantes pour couper le fil de fer (*fig.* 49), des tenailles peuvent en tenir lieu. On choisira le fil de fer bien recuit et approprié naturellement comme grosseur à la taille des oiseaux que l'on veut monter. Il faudra avoir un jeu de poinçons d'acier bien aigus et longs, plutôt fins, et quelques vrilles ordinaires. Quant aux perchoirs, on en trouve de tout fabriqués, et à bas prix, chez les marchands naturalistes; il en est de même des supports plats, que l'on peut très bien fabriquer soi-même avec des planchettes; et ce qu'il y a de mieux, pour une petite collection d'amateur, c'est de monter sur une planchette une petite branche d'arbre sur laquelle on fixe l'oiseau.

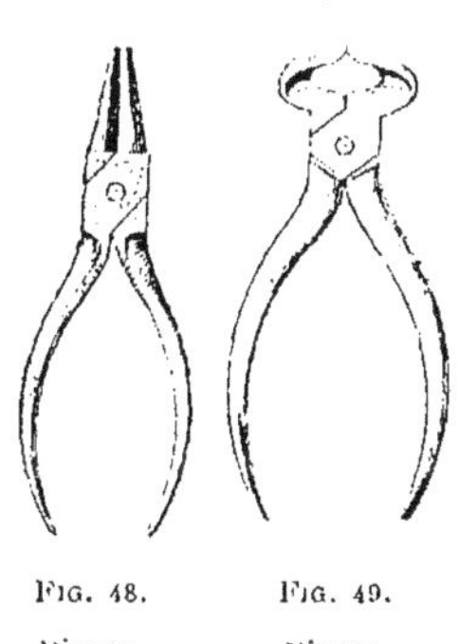

FIG. 48.　　FIG. 49.

Pinces　　　Pinces

à mors rond.　coupantes

Si l'on veut monter un oiseau fraîchement tué, il faut d'abord le dépouiller et le préparer comme nous l'avons dit plus haut; mais si l'on a affaire à un oiseau en peau déjà sec, il faut le ramollir, de façon à lui rendre sa souplesse primitive. On prendra une caisse en bois fermant bien, une boîte en zinc, une grande marmite ou tout autre vaisseau bien clos et on le remplira à moitié de grès mouillé sur lequel on jettera quelques gouttes d'acide phénique pour empêcher le développement des moisissures. On mettra la peau d'oiseau, enveloppée dans un linge, sur le grès, et on attendra qu'elle ait repris sa souplesse, résultat fort long à obtenir et qui pour les grands oiseaux ne se produira qu'au bout de plusieurs semaines. Si la peau ne parvient pas à se ramollir, on l'enveloppera dans une serviette, puis, par-dessus, de deux ou trois torchons humides, et on mettra ce paquet dans le ramollissoir. Le ramollissement une fois obtenu, on débourrera la peau au moyen de pinces, on remplacera la bourre par du coton ou de la filasse humide jusqu'à ce que toutes les parties soient bien souples. Pendant le travail, on aura soin de ne pas mouiller les plumes, et si cela arrivait on les sécherait avec du sable sec.

Pour monter un oiseau, il faut bien prendre la mesure de la

longueur de son corps et celle de la largeur tant de la poitrine que des ailes, ainsi que la longueur des jambes (vulgairement les cuisses ou pilons). On prépare alors, sur ces mesures, une carcasse en fil de fer ainsi disposée (*fig.* 50) et, avec une lime ou avec la pince coupante, on fera une pointe à chacune des extrémités A, B, E, F. La jonction de tous ces fils se fait en D et en E' au moyen des pinces à tordre; on tâche de n'employer en tout que trois bouts de fil de fer : B, B, et C, C étant composés d'un seul, comme G et E, F en étant un autre. Le fil de fer A prolongé en F est destiné à soutenir le cou et la tête. La fourche F, F maintiendra la queue, B, C les ailes, G, E les jambes. Il faut donc entrer cette carcasse dans la peau de l'oiseau avant de la bourrer. On commence

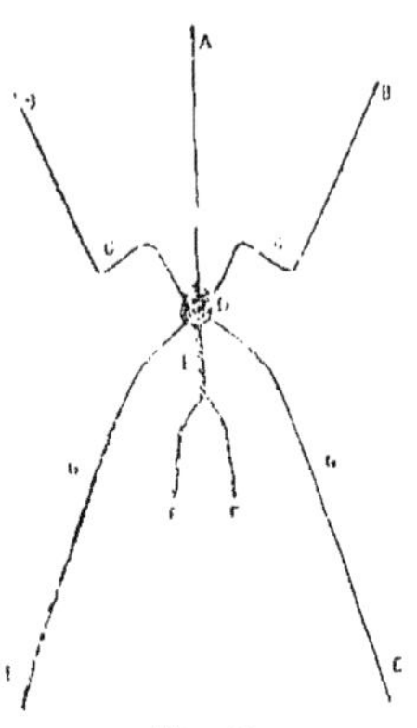

FIG. 50.

Carcasse de fil de fer
devant servir au montage
de l'oiseau.

par faire pénétrer A dont l'extrémité traversera le sommet du crâne et le dépassera d'un centimètre; puis avec les poinçons on percera dans leur longueur les os des ailes et on y fera entrer les fils B, C, après quoi on fera de même pour les pattes en G, E, puis l'on poussera la fourche F, F dans le croupion qui reste fixé à la queue.

FIG. 51.

Oiseau prêt pour être monté

Les extrémités A et E doivent dépasser seules, A hors du crâne, E par la plante des pieds et de plusieurs centimètres, puisque c'est par ces fils de fer que l'on fixera l'oiseau sur son support. Avec des pinces fines on bourre l'oiseau, en lui rendant sa forme première, et suivant que l'on veut que les ailes soient étendues ou fermées, on les laisse ouvertes ou on les replie, avec une armature en fil de fer, le long du corps. Puis, avec une aiguille et du fil on recoud l'ouverture de la peau, et on lisse bien les plumes de l'oiseau avec un gros pinceau mou.

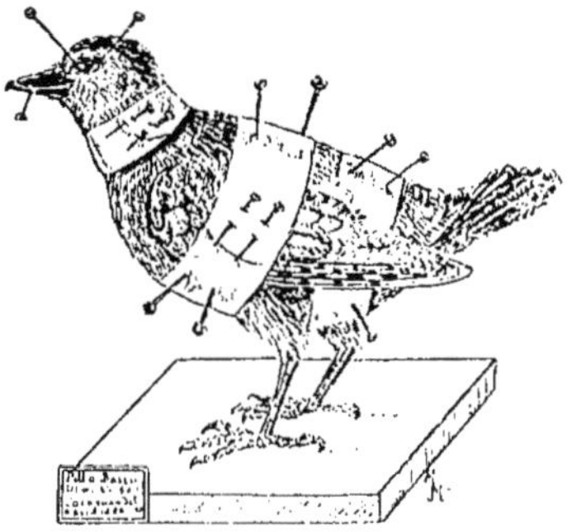

L'oiseau présente alors l'aspect de notre figure 51; il est prêt à être monté sur un perchoir ou sur un socle par les fils de fer B qui dépassent des pieds. On lui met alors des yeux en verre que l'on introduit avec soin dans les orbites en découvrant et étendant les paupières que l'on ramène ensuite dessus. Puis, avec une vrille, on perce deux trous dans la traverse du perchoir ou dans le socle où passent juste les fils de fer et on amène l'oiseau à se poser dans la position la plus naturelle possible, en repliant plus ou moins les jambes, en donnant aux doigts une bonne attitude.

FIG. 52.

Emmaillotage au moyen de bandes de toile.

Quand on fixera un oiseau sur un socle, on aura soin de faire dans le socle, à l'endroit où est percé chaque trou, une longue excavation où l'on repliera le fil de fer, de manière que l'on puisse poser le socle sans que ce fil fasse saillie. Pour les perchoirs, on tordra ensemble les deux bouts libres des deux fils de fer et on dissimulera cette torsade sous la traverse.

Puis on donnera à l'oiseau son attitude définitive, on redressera les plumes, on coupera le fil de fer A un peu au-dessus du crâne en repliant l'extrémité dépassante sur lui et en la cachant sous les plumes. Avec des épingles on joindra les deux branches du bec, on mettra les paupières bien en place, et on enveloppera l'oiseau de bandelettes de toile, de façon à ce que toutes les parties sèchent bien en place et que les plumes ne prennent pas de mauvais plis (*fig.* 52). Quand, au bout de plusieurs jours, l'oiseau sera bien sec, on le démaillotera, et on repeindra, si c'est utile, le bec, la cire des narines, les paupières, les parties nues de la peau, les pattes, après quoi on avivera cette peinture avec un vernis.

Certaines personnes se sont plu à former des collections d'oiseaux montés en demi-bosse. C'est-à-dire qu'une seule moitié de l'oiseau est bourrée et présentée de profil, montée sur une planchette. Pour faire cette préparation, on coupe a peau en deux, une fois dépouillée, suivant le sens de sa longueur en ne gardant qu'une moitié du crâne, une aile, une patte. On façonne en liège ou en étoupe la demi-forme de l'oiseau ; sur cette forme on ajuste la peau que l'on retient fixée sur tout son pourtour, sur une planche de liège, au moyen de fines épingles. Puis, quand l'animal est sec, on le colle sur une planchette avec de la colle forte.

Fig. 53.

Tracé de l'oiseau sur le papier.

On peut aussi se faire des collections d'oiseaux réunis en cahiers où, réduits à leurs plumes collées sur des feuilles de papier fort, ils ne tiennent guère plus de place que des plantes dans un herbier. Pour cela on dessine sur une feuille de bristol ou de gros papier blanc un peu épais et collé le contour de l'oiseau que l'on possède, ou de profil, et dans sa forme et sa dimension exactes (*fig.* 53). Puis on arrache plume par plume tout un côté du corps de l'oiseau et on colle ces plumes soigneusement avec de la gomme dans leur ordre respectif, sur le papier, de manière à recouvrir le contour tracé. On fait de même pour l'aile, pour la queue ; puis on peint à l'aquarelle l'œil, le bec, les pattes. Cette méthode, toute de patience, occasionne un travail très long et qui demande beaucoup de soin ; car il faut que les plumes se recouvrent les unes les autres dans leur ordre naturel et il faut découper les pennes de la queue de manière à ce qu'elles se présentent en perspective.

II. — COLLECTION DE NIDS ET D'ŒUFS.

Il est très intéressant de rassembler les nids et les œufs des oiseaux que l'on conserve dans sa collection. Les nids se conservent très facilement et demandent seulement à être gardés dans une armoire à l'abri de la poussière. On aura soin, en les recueillant, de couper les branches qui les soutiennent, en leur laissant une longueur suffisante pour qu'on puisse les monter sur un petit socle de bois. Il ne sera pas inutile de jeter un peu d'acide phénique sur les nids pour détruire ou éloigner les insectes ravageurs des collections.

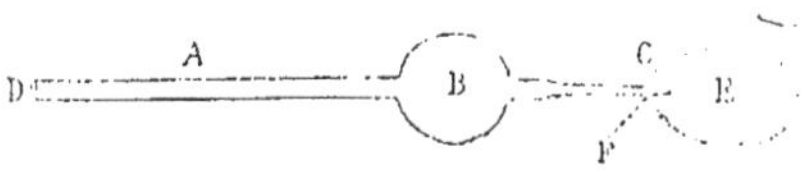

Fig. 54.

Tube en verre servant à vider les œufs.

Quant aux œufs, il faudra les vider avec le plus grand soin. Pour cela, on perce avec une aiguille très fine l'œuf de part en part, suivant son grand axe, c'est-à-dire du gros bout au petit bout; puis, avec une aiguille emmanchée, on agite le contenu de manière à mélanger le jaune et le blanc et à déchirer les membranes. S'il s'agit d'un œuf un peu gros et solide, on n'aura plus qu'à souffler à l'un des bouts appliqué contre les lèvres pour faire échapper les liquides; puis on lave l'œuf avec de l'eau que l'on fait pénétrer dedans jusqu'à ce qu'elle sorte parfaitement propre. Mais quand on aura affaire à de petits œufs délicats, on fera bien de les vider au moyen d'un tube de verre A (*fig.* 54) dont l'extrémité, renflée en ampoule B, se prolonge en un bec très fin C, étiré à la lampe. Tenant dans sa main droite le petit œuf E dont on a percé la coquille en F, on introduit dans le trou la canule C; puis, mettant dans sa bouche l'extrémité du tube D, on aspire doucement. Mais il faut, avant de procéder à cette opération, avoir agité avec une aiguille les liquides de l'œuf pour déchirer les membranes. Le blanc et le jaune ainsi mêlés sont aspirés par la bouche, mais s'arrêtent dans l'ampoule B, que l'on vide une ou deux fois au cours de l'opération. Quand l'œuf est vide, on remplit le tube d'eau que l'on insuffle dans l'œuf, puis on aspire cette eau de façon à ce qu'elle revienne dans l'ampoule et on renouvelle l'opération jusqu'à ce que l'œuf soit parfaitement nettoyé. Il faut éviter de laver les œufs extérieurement et de les frotter en les essuyant avec les linges rudes. Beaucoup d'entre eux perdent facilement leurs couleurs, toutes superficielles, et voient disparaître ainsi leurs caractères distinctifs. D'ailleurs les œufs mal vidés se tachent par endroits ; on sait que la couleur des œufs couvés est, chez beaucoup d'oiseaux, très instable et qu'elle varie au fur et à mesure de la formation du petit à son intérieur.

Quand on a des œufs déjà couvés, et morts, renfermant un jaune adhérant à la coquille, il faut les laver longuement, laisser l'eau séjourner à leur intérieur, et employer même de l'eau chargée d'un peu de potasse ou mieux de carbonate de soude. Mais il faut avoir soin que ces liquides ne touchent pas l'extérieur de la coquille. Quand les matières solides sont dissoutes, il est facile de les faire sortir avec l'eau, en soufflant ou en employant le tube à ampoule. La méthode du tube à ampoule présente l'avantage très grand de ne nécessiter qu'un trou dans la coquille.

On bouche, quand l'œuf est vidé et sec, les trous avec de la cire à modeler ou de la cire vierge légèrement chauffée ; on peut aussi employer le plâtre.

Les collections d'œufs sont toujours très fragiles, le mieux est de les conserver dans des boîtes plates vitrées ou dans des tiroirs au fond desquels on les fixe avec un peu de colle forte ou de colle d'amidon. Certains amateurs gardent chaque œuf dans une petite boîte carrée en carton, sans couvercle, dont le fond est garni de coton, et rangent toutes ces petites boîtes côte à côte dans un tiroir. On met sur l'un des côtés une étiquette portant les noms de genre et d'espèce et sur le tiroir une étiquette indique les familles.

Les amateurs habiles à monter les oiseaux trouveront avantage à disposer sur un même support un couple de même espèce avec le nid contenant les œufs.

III. — COLLECTION DE MAMMIFÈRES.

Nous n'avons pas, pour les oiseaux, donné de renseignements sur leur chasse, parce que c'est celle au fusil, universellement connue, qui donne les meilleurs résultats. Les nombreuses espèces de pièges, trébuchets, raquettes, sont indiqués dans tous les traités de l'art de l'oiseleur, et rendent aussi de bons services. Toutefois, il faut éviter de se servir des gluaux, qui abîment souvent irrémédiablement les plumes de l'oiseau.

Pour les mammifères les pièges sont particulièrement précieux, notamment pour les petites espèces qui mènent une existence nocturne et qu'on ne saurait chasser au fusil. Les ratières, souricières, nasses en fil de fer, sont excellentes et doivent être préférées à ces raquettes rondes, diminutifs de pièges à loup qui n'attrapent le plus souvent que la queue des rongeurs qui s'enfuient en laissant cet appendice comme souvenir de leur passage. Un des meilleurs pièges à employer pour les petits mammifères se compose d'une cloche à melon enterrée, renversée, au ras du sol et dont le fond est rempli d'eau. Au cours de leurs pérégrinations nocturnes, les musaraignes, souris, loirs, etc., tomberont dans cette oubliette où le lendemain on les trouvera noyés. C'est surtout autour des habitations, où fréquentent tant de petites espèces intéressantes, que l'on aura avantage à disposer ces pièges ; les potagers, les lisières des bois, les environs des pièces d'eau sont les meilleurs endroits.

Conservation dans l'alcool.

Au point de vue pratique, la facon la plus commode de conserver les mammifères de petite taille, depuis la souris jusqu'à la taupe, est assurément l'immersion dans l'esprit-de-vin. On emploiera de l'alcool à 50° centigrades que l'on changera de temps en temps, jusqu'à ce que l'animal ne dégorge plus et que le liquide demeure incolore et limpide.

Mais il ne faut pas croire qu'il suffise de mettre des mammifères dans un bocal plein d'esprit-de-vin pour qu'ils s'y conservent indéfiniment sans qu'on leur apporte d'autres soins. Bien des précautions sont à prendre.

Tout d'abord, quand on s'est procuré un mammifère et qu'il est mort, il faut bien l'examiner, essuyer ou laver son pelage, s'il est souillé par du sang ou des immondices. Pour éviter de salir les petits mammifères en les tuant, le mieux est de les noyer dans de l'alcool à 30° environ, ou tout simplement dans l'eau en ayant soin de les plonger dans un vase absolument plein jusqu'au bord et parfaitement bouché, de manière à ce que l'animal ne prolonge pas inutilement son agonie en nageant et respirant à la surface. Aussi fera-t-on bien, chaque fois qu'on aura du chloroforme ou de l'éther à sa disposition, de s'en servir pour asphyxier rapidement les animaux.

Quand l'animal est mort, bien essuyé, il faut lui ouvrir le ventre avec un scalpel ou des ciseaux, de l'anus à la pointe du sternum, en ayant soin de ne pas déchirer les intestins. Si l'on ne veut pas conserver les viscères abdominaux pour des études anatomiques, on les enlève tous, intestins, foie, rate, et avec des ciseaux on incise le diaphragme, on le déchire, et on lacère le cœur, les poumons, que l'on peut arracher aussi. Après quoi on remplace tous ces organes par du coton imbibé d'esprit-de-vin que l'on pousse avec des pinces et on recoud proprement la peau du ventre. Cette précaution est destinée à garder à l'animal sa forme première et à l'empêcher de devenir plat et efflanqué quand l'alcool aura durci et rétracté ses tissus.

Mais le meilleur procédé est celui de l'injection. On prend une seringue en métal ou en verre, à canule fine, et on injecte de l'alcool dans l'anus de l'animal, après quoi on bouche l'anus avec un tampon de coton poussé avec des pinces. On fait de même pour la bouche. Avec le scalpel ou la pointe des ciseaux on fait un trou dans le ventre, un autre dans la poitrine entre deux côtes et on injecte de l'alcool (l'alcool employé doit peser 50°). Pour le crâne il n'est pas mauvais de le percer en arrière et d'injecter de l'alcool dans le cerveau. Le mammifère ainsi rempli d'alcool sera plongé dans un bocal, mais auparavant on aura eu soin de passer dans ses mâchoires un fil solide qui servira à le suspendre au bouchon, afin qu'il baigne également partout dans le liquide, ne reposant ni sur le fond, ni sur les parois, par aucune de ses parties.

Toutefois, ces précautions minutieuses, utiles pour des animaux précieux que l'on surveille sans cesse jusqu'à ce que leur conservation soit devenue définitive, ne sont pas absolument nécessaires dans le courant des choses. L'animal bien injecté sera enveloppé dans un chiffon et mis dans un récipient plein d'alcool, fermant très bien, et qui servira de magasin où l'on mettra les bêtes au fur et à mesure de leur réception, avant de les installer en collection.

Toutefois il est utile, tous les quatre ou cinq jours, de visiter ses bêtes, de voir si leur poil ne se détache pas par places, de changer l'alcool, dont il est recommandé d'élever le titre progressivement. C'est-à-dire que si l'on a commencé par tuer et conserver ses animaux dans de l'alcool à 32°, ce qui est suffisant, et les y laisser macérer pendant huit jours, il faudra ensuite les faire séjourner huit jours dans de l'alcool à 42°, puis dans de l'alcool à 50° où on les laissera définitivement quand ce liquide demeurera incolore.

On a préconisé beaucoup de liquides, de compositions chimiques destinés à remplacer l'alcool; je n'en recommanderai aucun, car, à l'usage, ils ne tiennent pas généralement les promesses de leurs inventeurs.

Bouchage des bocaux.

Cette question extrêmement importante demeure des plus compliquées; sur vingt méthodes conseillées, il n'en est pas quatre de de pratiques. La plus simple est assurément l'emploi du bouchon de liège; mais si elle est la meilleure pour les récipients que l'on doit constamment manier, elle est loin d'être la meilleure pour la conservation en collections. Car le liège s'altère à la longue au contact de l'alcool et il est presque impossible de trouver de larges bouchons fermant bien.

Je recommanderai cependant, pour les vases servant de magasin, les bocaux en verre dont on se sert pour les fruits à l'eau-

de-vie, avec bouchons aussi épais que possible, ayant jusqu'à
6 cm. de hauteur, quel que soit leur diamètre. Car sur cette
dimension ils sont facilement maniables et l'on peut déboucher le
bocal avec la main sans être obligé, comme on le voit trop souvent,
d'employer une lame de couteau ou quelque outil pour faire sauter le bouchon.

Pour les bocaux où l'on conservera les petits mammifères qui
vont entrer en collection et qui seront suspendus au bouchon, on
emploiera des formes pareilles avec des bouchons au moins aussi
épais, sinon plus. A leur face inférieure ces bouchons porteront
vissés des pitons de cuivre à pas de vis très gros, de manière à
tenir bien dans le liège, mais à tige assez courte pour qu'elle ne
dépasse pas à la surface supérieure, ce qui produirait un passage
pour l'évaporation.

Les bocaux de la collection devant être bouchés d'une façon
hermétique; on peut choisir entre trois systèmes : le bouchage à
l'émeri, le lutage, l'occlusion au mastic.

Le premier a l'avantage d'être propre, régulier, essentiellement
mobile, mais son défaut est d'occasionner d'assez fortes dépenses.
Si l'on se décide à employer les bocaux bouchés à l'émeri, il ne
faudra jamais oublier d'enduire le pourtour du bouchon de vaseline,
corps gras qui tout en rendant plus hermétique encore la fermeture, permet au bouchon de se retirer facilement. Faute de cette
précaution on risquerait de briser le col du flacon ou la prise du
bouchon si l'on voulait forcer pour ouvrir.

Le système du lutage est basé sur le principe d'une fermeture
obtenue par une résine, une cire, une sorte de mastic à chaud
qui recouvre le bouchon et la bouche du bocal, de manière à
empêcher toute évaporation. On peut alors se servir de bouchons
de liège plats, ne dépassant pas l'ouverture du vase et après
lesquels on fixe les fils tenant les animaux suspendus. Les meilleurs sont ceux qui, comme le mastic de fontainier et certains
ciments, ne se ramollissent pas sous l'action des liquides. Ceux
qui sont faits de cires et de résines, de baumes, ont le grand tort
de se dissoudre dans l'alcool, et pour peu que l'esprit-de-vin vienne
en contact avec eux, il se produit des fuites.

Aussi a-t-on essayé de remplacer les luts par des capsules de
peau ou de parchemin appliquées mouillées par-dessus le bou-

chon et solidement fixées autour du col avec de la ficelle. Ce moyen n'est pas mauvais, mais il n'assure pas une fermeture hermétique.

Le meilleur système, et qui est employé au Muséum de Paris, est celui des disques de verre appliqués avec du mastic. On se sert de bocaux parfaitement cylindriques, sans col, à ouverture entourée d'un fort rebord. C'est la forme dite « en éprouvette », sans bec, et on la trouve chez tous les verriers. On fait découper par un vitrier ou on achète chez un marchand de produits chimiques des disques de verre de diamètre à peine plus petit que celui des bocaux à boucher et on se munit de mastic ordinaire, bien frais, dont on garde une provision dans un vase toujours plein d'eau, de manière à ce que cette pâte huileuse ne sèche pas au contact de l'air.

Pour boucher un de ces bocaux remplis d'alcool, on observe d'abord cette précaution de laisser au moins 2 cm. de hauteur entre la surface du liquide et l'ouverture du vase; car il faut bien se souvenir que si l'alcool vient à toucher le mastic pendant l'opération, celle-ci est à recommencer. On essuie bien la bouche du bocal avec une serviette, que l'on garde sur ses genoux — on est assis devant la table supportant le bocal — puis, avec un couteau de table à bout rond, on prend une charge de mastic dont on se garnit la paume de la main gauche. Après avoir essuyé la lame de son couteau, on coupe dans le mastic une tranche peu épaisse et peu haute, et cette espèce de cordelette est portée par la lame du couteau sur le rebord qui ourle l'ouverture du bocal. Avec le couteau tenu vertical on applique ou plutôt l'on dépose cette traînée de mastic circulairement, puis l'on en prend une autre que l'on applique de même jusqu'à ce que tout le tour du bocal soit garni. On prend alors le disque de verre, et on l'applique horizontalement, bien à plat, sur l'ouverture; on appuie dessus fortement pour que le mastic refoulé fasse saillie au dehors et tout autour de cet opercule. Avec le couteau, dont la lame bien essuyée et fréquemment mouillée ne colle pas au mastic, on lisse celui-ci obliquement, de façon à former un talus circulaire reliant le disque à la bouche du bocal. Quand le travail est bien régulier, on applique le couteau sur le disque par son tranchant tenu un peu oblique et on enlève en rasant le mastic qui fait saillie dessus. Puis, avec le pouce, on retire le mastic qui peut dépasser au-dessous du cordon de verre délimitant la bouche du bocal.

Toutes ces opérations doivent être faites sans déplacer le bocal, qui ne doit pas remuer.

Le bocal ainsi luté restera huit jours immobile. Quand le mastic est sec, on essuie bien le verre, on fait disparaître les traces graisseuses; dès lors on peut manier le vase sans crainte: l'alcool ne peut rien contre le mastic sec. Toutefois, par précaution, on mettra une capsule de vessie qui consolidera le tout et empêchera le mastic de s'écailler.

Pour ce faire, on aura une provision de vessies de porc que l'on conservera dans du vieil alcool afin que les insectes ne la rongent pas, comme il arrive trop souvent. La vessie, bien rincée dans de l'eau, doit être employée mouillée, flasque, sans quoi elle ne serait pas maniable. On enduit de colle à la gomme le disque et le tour de la bouche du bocal, par-dessus le mastic. Puis, assis solidement, on met le bocal entre ses deux genoux et on applique dessus un morceau de vessie bien tendu que l'on maintient avec la main gauche. La droite saisit un bout de ficelle fine et solide, en passe une extrémité à la main gauche, entortille de deux tours le haut du flacon par-dessus la vessie et tire en butant contre l'ourlet saillant du verre. Les deux mains tirent alors la ficelle, la nouent solidement par un nœud d'abord plat, puis triple, et en coupent les bouts. C'est alors le moment de tirer très fortement sur la vessie en la relevant tout autour du bocal, puis on la coupe avec des ciseaux de manière à ce qu'elle dépasse d'un centimètre environ au-dessous de la ficelle.

Le lendemain, quand tout est bien sec, on recoupe la vessie avec un canif bien tranchant presque au ras de la ficelle et l'opération est terminée.

C'est un usage de recouvrir la vessie d'une feuille de papier d'étain, luxe coûteux et un peu inutile. Je recommanderai plutôt de laisser la vessie telle quelle, car l'on peut écrire dessus le nom de l'animal ou d'autres indications qui ne pourraient trouver leur place sur l'étiquette que l'on colle sur le bocal.

Étiquetage.

Les étiquettes sont très utiles sur les bocaux, mais elles sont indispensables sur les animaux eux-mêmes. Aussi doit-on en faire de diverses dimensions, découpées dans du parchemin, et sur lesquels on écrit soit avec de l'encre ordinaire, soit avec une encre grasse que l'alcool ne dissolve pas, le nom de l'animal, la localité d'où il provient, sa date de capture, tous renseignements qui ont une grande importance. On notera aussi son sexe. Ces étiquettes s'attacheront au moyen d'un fil après une des pattes de l'animal si l'on en met plusieurs dans un même bocal; s'il n'y en a qu'un dans un vase, on mettra simplement l'étiquette dans l'alcool et elle se tiendra au fond.

Mode de suspension.

Quand on se sert de bocaux fermés par un bouchon de liège, on suspend les animaux par un fil comme nous l'avons dit plus haut. Mais quand on emploie les flacons bouchés à l'émeri ou avec des disques de verre il faut avoir recours à d'autres moyens. On use beaucoup de flotteurs en verre, qui sont de petites boules creuses A (*fig.* 55) terminées par un crochet B, et qui soutiennent, comme des vessies de natation, les animaux qu'on y suspend. Il suffit d'assortir leur grosseur au poids de la bête à supporter, ou d'en mettre plusieurs quand une seule ne suffit pas.

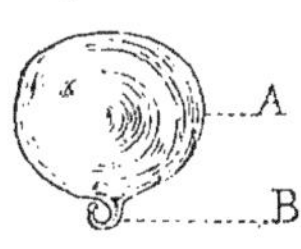

FIG. 55.

Flotteur en verre servant à soutenir l'animal dans l'alcool.

Empaillage des mammifères.

Les mammifères de taille moyenne et ceux qui sont très grands devront être empaillés, et les principes à suivre, tant pour leur mise en peau que leur montage, sont les mêmes que pour les oiseaux.

Pour écorcher un mammifère, on commencera par inciser le ventre dans toute sa longueur, et on prolongera l'incision jusqu'au cou, et même, si l'animal est de la taille d'un renard, il sera bon de l'ouvrir jusqu'aux mâchoires. Écartant ensuite la peau, on découvrira d'abord une des hanches, et l'on détachera la patte que l'on retournera, puis l'autre, et on séparera ensuite la racine de la queue du tronc. Dépouillant alors tout le corps, on arrivera aux épaules que l'on désarticulera, et on retournera les pattes de devant, puis le cou, et enfin la tête.

C'est alors que l'opération devient délicate, car il faut détacher les oreilles en coupant leurs racines avec des ciseaux, le plus près possible du crâne, en ayant bien soin de ne pas faire de trous dans la peau. Quand on aura retourné la peau jusqu'aux yeux, on arrivera, en tirant fortement, à découvrir et à distendre les membranes qui unissent les paupières aux orbites, on séparera ces membranes à petits coups de ciseaux, en se rapprochant toujours des os de manière à ne pas lacérer les paupières. Puis, quand la peau ne tient plus au corps que par l'extrémité du museau et par les lèvres, on la sépare de la tête en coupant avec le scalpel les membranes et les cartilages au ras des mâchoires, et l'on respectera les cartilages du nez qu'on laissera fixés à la peau.

Mettant alors le corps de côté, on s'occupera de dépouiller la queue. Pour cela, on saisit avec de fortes pinces ou des tenailles la racine de la queue, opérant de la main gauche. La droite prend cette racine près de la peau avec de longues pinces brucelles ou un morceau de bois fendu. Puis on tire de la main gauche la racine de la queue vers soi, tandis que la droite, tenant la queue un peu serrée, tire en sens inverse en s'appuyant sur la peau. Si l'opération est bien conduite, toute la queue quitte sa peau, sans la retourner, comme une épée sort de son fourreau. Mais si ce procédé réussit pour la plupart des mammifères, il en est certains qui ont une queue très musculeuse intimement collée à sa peau, et il faut alors fendre celle-ci en dessous dans toute sa longueur, et la dépouiller lentement en disséquant les muscles adhérant après elle.

Une autre difficulté est amenée par les mammifères dont la tête est armée de cornes. On ne peut songer à dépouiller le crâne par les procédés ordinaires, et il faut faire sur le sommet de la tête une longue incision médiane dans la longueur, puis une autre transversale qui la coupe en forme de croix. Quand on montera l'animal, on recoudra ces coupures avec une aiguille ou un carrelet et du fil ciré un peu fort.

Les pattes sont débarrassées de leur chair et on n'en conserve que les os. Souvent ces pattes sont d'un dépouillement difficile, et on est obligé de les fendre suivant leur longueur, ainsi que les pieds dont on incise largement la plante pour enlever les muscles et la graisse. Ces opérations une fois terminées, on dégraisse la peau en la raclant soigneusement avec la lame d'un large couteau ; les meilleurs à employer sont ceux dits de cuisine, que l'on trouve dans tous les bazars. Puis l'on frotte la peau avec un mélange de cendres de bois, ou de charbon de bois et d'alun finement pulvérisés. Si l'on ne doit pas mettre de suite l'animal en peau ou au montage, on mettra la peau dans un bain d'eau douce contenant de l'alun en saturation avec un peu de sel marin et quelques gouttes d'acide phénique, et on la laissera baigner quatre ou cinq jours et même plus. Mais on aura eu soin de très bien nettoyer les os de toute matière molle.

Quant au crâne, on le sépare du corps, on le nettoie au scalpel très proprement en ayant soin de ne laisser aucun morceau de chair, et on extrait la cervelle avec un petit morceau de bois ou des crochets en fil de fer. Comme il importe peu que le crâne soit complet, on peut, avec de forts ciseaux, élargir le trou occipital puis défoncer les cloisons des orbites et enfoncer l'instrument dans l'intérieur du crâne, de manière à faire du cerveau une bouillie que l'on arrache avec des pinces, et dont on fait disparaître les derniers vestiges par des lavages répétés.

C'est une très mauvaise pratique que de faire bouillir les têtes des animaux, sous prétexte qu'elles se nettoient ensuite plus facilement, car les os se séparent fréquemment et les dents se détachent. Il vaut mieux, quand on a du temps devant soi, faire macérer la tête dans de l'eau froide, et la nettoyer petit à petit en la remettant toujours dans l'eau. On a remarqué que les têtards rendent, pour la préparation des squelettes, les plus grands services. Ces larves de grenouilles sont très voraces ; elles possèdent un bec corné assez vigoureux pour dépecer les chairs, mais trop faible pour attaquer les os. Il suffit donc de remplir un aquarium de ces amphibiens, et d'attacher à la surface, au moyen d'une ficelle, les ossements ou les crânes que l'on veut faire nettoyer, après les avoir, toutefois, un peu dégrossis. Au bout de quelques jours, les têtards les ont complètement dépouillés, et il ne reste plus qu'à les faire sécher au soleil.

Quand on veut mettre un mammifère en peau, on retire la peau du bain et on la fait sécher un peu en l'essuyant bien, mais en évitant soigneusement de la tordre, ce qui la déformerait. Après avoir enduit les os des pattes avec du savon arsenical, on les entoure de filasse, d'étoupe, de coton ou de quelque autre matière sèche et légère, et on les fait rentrer dans la peau. On retourne celle-ci après l'avoir enduite de savon, et on remet le crâne en place après avoir bourré les orbites et les fosses des pommettes avec du coton. Pour la queue, on prend un long et mince morceau de bois, autour duquel on enroule de la filasse, on enduit cette poupée de savon et on la pousse dans la peau de la queue jusqu'à ce qu'elle en atteigne le bout. Précaution très utile, car il ne faut pas oublier qu'en tous endroits où la peau se colle sur elle-même, les poils ne tardent pas à se détacher. On bourre

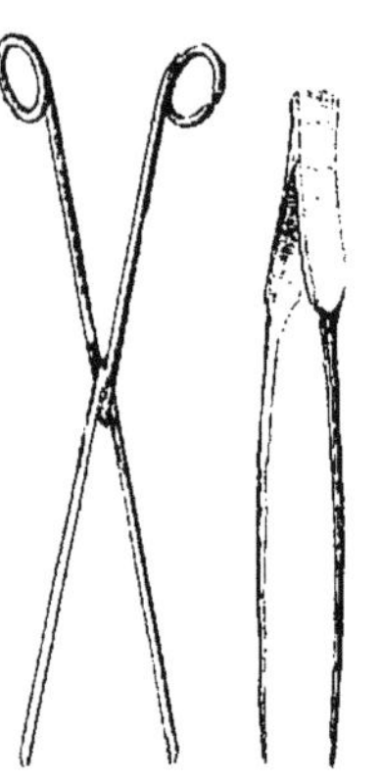

Fig. 56.   Fig. 57.

Pinces à bourrer.

ensuite le corps avec quelque substance sèche; pour les gros animaux, la fibre de bois dont se servent les emballeurs rend d'excellents services.

Pour bourrer, on se servira de longues pinces à branches fines soit droites, soit croisées (*fig.* 56 et 57), avec lesquelles on poussera la bourre. Mais il sera bon de recoudre auparavant la peau depuis la tête jusqu'au tiers de sa longueur; puis, quand le cou et la poitrine seront convenablement bourrés, il faudra continuer sa couture jusqu'aux deux tiers du ventre, bourrer encore et recoudre finalement.

Si l'on était en voyage et qu'on voulût rapporter des peaux de mammifères sous un petit volume, on se contenterait, en les sortant du bain, de les oindre de savon arsenical, de lés retourner, de remettre toutes les parties en place et de recouvrir toute la face intérieure de papier, ainsi que les os. Plus tard, on remettra les peaux dans un bain d'alun phéniqué et on les bourrera ou on les montera à volonté. On peut encore saler les peaux avec du sel marin, sel commun ou sel de cuisine, en saupoudrant bien le côté de la chair; puis les rouler sur elles-mêmes.

Montage.

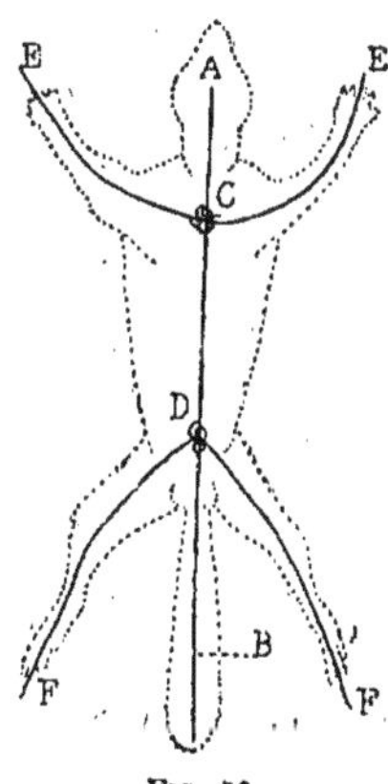

FIG. 58.

Armature pour le montage
d'un mammifère.

Le montage des mammifères présente de grandes difficultés, encore plus grandes que celui des oiseaux, parce que ces animaux à poil le plus souvent ras ont des formes caractéristiques difficiles à reproduire. Pour bien monter, il faut avoir un vrai talent de modeleur et être habile dans la fabrication des armatures de fer sur quoi reposera l'animal. Les principes du montage sont les mêmes pour les mammifères et pour les oiseaux. Une forte tige de fer AB (*fig.* 58) représente la colonne vertébrale et ira du museau A à la queue B. Sur cette tige viennent s'attacher en C et en D, par des ligatures solides, deux autres tiges de fer EE, FF, destinées à servir d'armatures aux pattes et dont les extrémités se fixeront dans le plateau en bois qui portera l'animal. Pour le reste, on se reportera à ce qui est dit pour le montage des oiseaux, des reptiles et des batraciens.

IV. — LES REPTILES ET LES BATRACIENS

(RÉCOLTE ET PRÉPARATION).

Chasse.

Pour chasser les reptiles il faut être armé d'une paire de pinces assez longues ; celles dont les chimistes se servent pour manier la braise sont les meilleures à employer pour cet objet ; elles ont à peu près 40 cm. de long et leur force est suffisante pour qu'on puisse capturer de gros serpents (*fig.* 56). Il faut encore un sac de peau un peu vaste dont le fond soit plein de tabac à priser, un flacon d'alcool, une canne ferrée et même munie d'un crochet pour pouvoir soulever les pierres, les grandes plaques de mousse, les fagots. La canne-fusil est un excellent instrument, surtout approvisionnée de cartouches de la cendrée la plus fine ou, à son défaut, de sable.

Il n'existe en France que deux reptiles venimeux : la vipère commune ou aspic (*vipera aspic*) et la vipère péliade (*pelias berus*) habitant les montagnes [1]. Bien que l'on ait exagéré énormément la gravité de la morsure de ces ophidiens, il vaut mieux les prendre avec précaution, et c'est pour cela que les pinces sont nécessaires. Si l'on venait à être piqué, il faudrait immédiatement ligoter, avec une ficelle fortement serrée, le membre au-dessus de la plaie, sucer celle-ci, la débrider avec une lancette et la cautériser énergiquement avec de l'acide phénique, du nitrate acide de mercure ou tout autre caustique que l'on aura sous la main : une pincée de poudre que l'on enflamme sur la plaie est un caustique excellent. On boira de l'eau-de-vie, de l'alcool très fort, et en quantité. Si l'on sent une somnolence envahir, on essayera de l'excès d'alcool et on se reposera quelque temps. Au retour de

---

1. Il est extrêmement facile de distinguer une vipère, à première vue, de toutes les espèces de couleuvres. Les vipères sont des serpents lourds, à corps épais, de coupe triangulaire, à queue séparée du reste de la masse, à tête

l'excursion, on fera bien de consulter un médecin et surtout de ne jamais le tromper sur son état de santé, ses maladies antérieures, comme le font tant de malades qui s'étonnent après cela de complications qu'ils ne doivent qu'à leur mauvaise foi.

FIG. 59.

Nœud coulant pour la chasse aux reptiles.

Tous les autres reptiles peuvent se saisir à la main, c'est affaire d'adresse, comme aussi d'éviter leur morsure. Il est certain que les grandes couleuvres et les lézards qui, comme l'ocellé (*lacerta ocellata*) atteignent 50 cm. de long, doivent être pris avec quelque précaution. On peut les tuer au fusil avec du très petit plomb. Mais, avec de la patience, on les prend au lacet. Au bout d'une longue gaule solide et souple (*fig.* 59) on prépare un fort lacet de soie terminé par un nœud coulant que l'on peut faire tenir ouvert avec un peu de cire. On se rend ainsi armé dans quelque sablonnière ou quelque ruine,

obtuse et chagrinée, ne présentant jamais ces grandes plaques qu'ont les couleuvres. D'ailleurs, les vipères ne sont jamais communes, sauf exceptionnellement en quelques régions. On les rencontre surtout sur les coteaux dénudés, rocailleux, couverts de bruyères, enroulées sous les pierres. A l'époque des amours, au printemps, ces reptiles se roulent en pelotes de vingt et trente individus, qui sifflent et cherchent à mordre. En tout autre temps ils n'attaquent jamais. Une espèce de couleuvre ressemble un peu à la vipère, c'est le *tropidonotus viperinus* ou couleuvre vipérine, mais sa tête est bien différente. Voici (*fig.* 60, 61, 62, 63) les têtes de la couleuvre à collier (*tropidonotus natrix*), de la vipérine (*T. viperinus*), de la vipère aspic et de la vipère péliade. On voit combien les caractères sont différents.

FIG. 60.

Couleuvre
à collier.

FIG. 61.

Couleuvre
vipérine.

FIG. 62.

Vipère
aspic.

FIG. 63.

Vipère
péliade.

quelque vieux monument dont les murs crevassés soient exposés aux rayons les plus chauds du soleil. Et, à plat ventre, en embuscade, on attend patiemment, à l'ombre si possible, l'apparition de quelque lézard. Dès que l'un d'eux paraît qui semble digne d'être capturé, on dirige doucement sa gaule bien au-dessus de lui, jusqu'à faire descendre le lacet à hauteur de sa tête. Plus doucement encore on le lui passe au cou, puis l'on tire brusquement, enlevant le captif qui se débat au bout du collet. Pour le saisir, quelques précautions sont à prendre, car il ne faut pas, s'il est grand et fort, qu'il brise l'appareil, ni surtout qu'il se casse la queue, comme cela arrive trop souvent. Je conseillerai le moyen suivant qui m'a réussi dans mes excursions. Avec les grandes pinces de fer on saisit le lézard par le cou, en le serrant de manière à ce qu'il ouvre la gueule toute grande, et on le maintient ainsi de la main droite, tandis que la gauche, armée d'une forte paire de ciseaux ou mieux d'un petit sécateur, détache par la bouche, la colonne vertébrale de la base du crâne. L'animal est tué instantanément. On le jette alors dans le sac et on recommence la chasse. On peut aussi à la rigueur jeter l'animal vivant dans le sac, où le tabac ne tarde pas à le tuer, car l'action de cette plante sur les reptiles est extraordinairement puissante, mais il peut en abîmer d'autres avant de mourir. Le sac à tabac est surtout bon pour les batraciens.

Avec une badine solide et flexible, une cravache, on peut s'emparer des lézards et des serpents ; en les frappant d'un coup sec au milieu du corps, on leur brise la colonne vertébrale et on les immobilise du coup. Mais il faut prendre garde de ne pas casser la queue des lézards.

D'une manière générale, les reptiles doivent être chassés pendant la belle saison ; c'est à cette époque qu'ils sortent le plus volontiers et que leur livrée est la plus belle, car ils viennent de rejeter leur vieille peau.

Les batraciens se pêcheront dans les mares et les étangs au moyen du troubleau, instrument fait comme une épuisette de pêcheur ou un filet à papillons, mais dont la poche sera faite de canevas à larges mailles. Les tritons ont, pendant la mauvaise saison, une livrée différente de celle de l'été ; ils quittent alors les eaux et s'enterrent ou se réfugient sous les pierres. Tous ces animaux, grenouilles, crapauds, tritons, salamandres, peuvent être pris à la main, car ils ne sont nullement venimeux. Toutefois l'humeur âcre qui exsude de leur peau est acide au contact, surtout si l'on est écorché, et il faut éviter avec soin de porter à ses yeux la main quand on a saisi quelqu'une de ces bêtes, car le contact peut amener une inflammation désagréable.

Selon que l'on voudra conserver ces animaux dans l'esprit-de-vin ou les empailler, il convient de les tuer d'une façon différente; on ne devra, en tout cas, jamais les plonger dans l'esprit-de-vin si l'on a l'intention de les empailler. Il faudra les mettre dans le sac en peau où le tabac les tuera rapidement.

Conservation dans l'alcool.

Quand on veut conserver un reptile ou un batracien dans l'alcool, il faut, au retour de la chasse, bien le laver dans l'eau, puis l'essuyer avec un linge fin. Ensuite on lui injectera de l'alcool dans la bouche et dans l'anus au moyen d'une seringue. Pour les serpents, il n'est pas mauvais de fendre le ventre sur une longueur de quelques centimètres, puis de bien presser l'animal pour le vider des substances liquides qu'il renferme. Avec des ciseaux fins ou un scalpel bien tranchant, on pourra lacérer les entrailles pour qu'elles laissent échapper leur contenu, puis on recoudra l'incision avec du fil un peu fin et une aiguille ronde. L'animal doit baigner complètement dans le liquide qui doit peser environ 45°. S'il remontait à la surface, on le retirerait du vase, on le presserait doucement pour faire fuir les gaz qu'il contient, et on le replongerait dans le liquide en le maintenant enfoncé au moyen d'une pierre ou de quelque autre poids. Il faut bien faire attention à ce que les reptiles baignent complètement dans l'alcool, car lorsqu'ils se mettent à surnager ils se gonflent, leur épiderme se détache, et ils pourrissent lentement en répandant une odeur infecte. Au bout de huit jours de submersion, l'animal est chargé d'alcool que l'on renouvelle à des intervalles de plus en plus éloignés jusqu'à ce que le liquide demeure incolore et parfaitement limpide.

Pour le bouchage des bocaux, la suspension des animaux et leur transport, nous renvoyons à ce que nous avons dit plus haut pour la préparation des mammifères.

Empaillage.

L'empaillage des reptiles demande beaucoup de patience et de précautions; il est loin d'être aussi difficile et délicat que celui des oiseaux, mais il est aussi beaucoup plus long. Suivant qu'il s'agit d'un serpent, d'un lézard ou d'une tortue, l'opération est de plus en plus compliquée.

Quand on veut empailler un serpent, on commence par bien l'essuyer de la tête à la queue avec un linge.

Fig. 64.

Manière de dépouiller un serpent.

On note sur une feuille de papier la longueur exacte du corps, son volume, la force du cou. S'il s'agit d'une espèce non venimeuse, on la dépouillera par la tête; s'il s'agit d'une vipère, il vaudra mieux la dépouiller par l'extrémité postérieure pour éviter

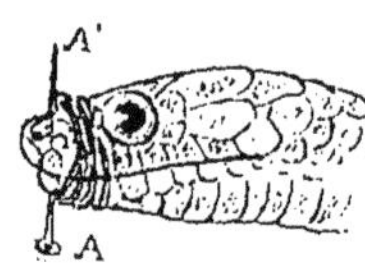

Fig. 65.

Ligature des mâchoires pour éviter les accidents avec les crochets venimeux.

de se piquer aux crochets à venin. On fera une incision à partir de l'anus, en se dirigeant d'arrière en avant, sur une longueur de 4 cm.; on écorchera avec soin, et on détachera le corps en le coupant avec des ciseaux et prenant soin de ne pas déchirer la peau (*fig.* 64). On saisira ce moignon de corps avec des pinces, on le liera avec une ficelle et on dépouillera complètement le serpent, comme on ferait d'une anguille. Arrivé à hauteur de la tête, on coupe le corps à la base du crâne, on vide celui-ci avec un crochet de fil de fer, puis on s'occupe de la queue, que l'on dépouille également. On badigeonne alors cette peau écorchée avec du savon arsenical dissous dans l'eau à consistance crémeuse, et on la retourne soigneusement pour ne pas froisser et détacher les écailles. Sur les dimen-

sions du corps on coupe un morceau de fil de fer souple et bien
recuit, pas trop gros, de la force d'une épingle à cheveux, et on
enroule autour de la filasse un peu humide jusqu'à former un
long boudin ayant les dimensions exactes du serpent. On reprend
la peau que l'on manie doucement pour lui donner de la souplesse,
on remplit la gueule de savon arsenical, on enlève les yeux avec
des pinces fines et on bourre les orbites avec du coton, non sans y
avoir passé du savon arsenical. Et, pour éviter un accident possible avec les crochets venimeux, on lie bien les mâchoires ensemble avec du fil après les avoir réunies par une épingle qui les
traverse en A et A' (*fig.* 65).

Montage.

On introduit alors dans la peau, par l'ouverture du ventre, la
poupée de *filasse* et on la fait entrer doucement en tirant la peau

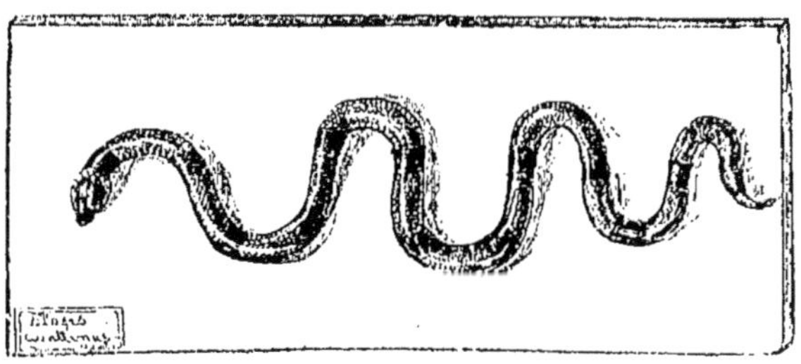

FIG. 66.

Montage d'un serpent à plat sur une planche.

avec les doigts, jusqu'à ce que l'extrémité du fil de fer qui doit
dépasser un peu vienne se fixer dans le crâne. Repliant alors la
poupée, on la fait pénétrer dans la région de la queue, puis on
redresse et après avoir, par un pétrissage judicieux, donné au
serpent sa forme naturelle, on recoud la peau. On donne ensuite
au corps les ondulations et les courbes les plus gracieuses, imitées
d'après les allures des animaux observés vivants. Si l'on veut fixer
l'animal à plat sur une planchette de bois blanchie à la colle, on

fait décrire au corps des courbes douces (*fig.* 66); si on veut le représenter lové sur lui-même, on l'enroule en spirales de plus en plus larges à mesure qu'on se rapproche de la queue, et la tête doit dominer le corps dont le dernier cinquième est redressé presque à angle droit (*fig.* 67). Dans ce cas le serpent doit être monté la bouche ouverte, les mâchoires distendues, l'inférieure

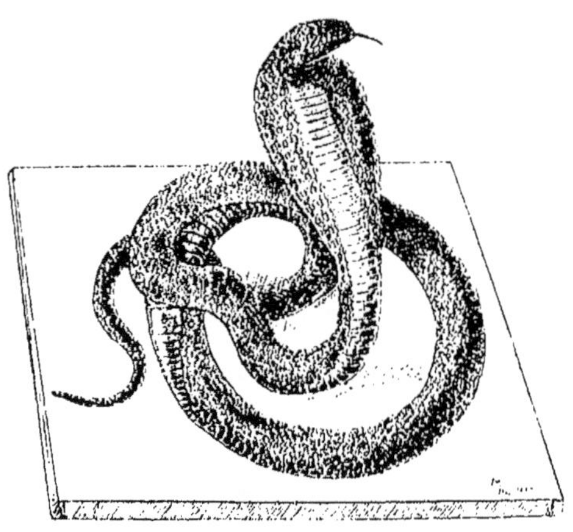

FIG. 67.
Montage d'un serpent lové sur lui-même.

oblique, la supérieure presque verticale. Il faudra peindre l'intérieur de la gueule en rouge et en brun suivant la couleur qu'elle avait chez l'animal vivant et modeler en cire la base de la langue en figurant celle-ci au moyen d'une bande de carton fendue ou d'un morceau de peau artistement découpé, puis peint et verni. Les yeux seront en émail, comme pour les oiseaux ou les mammifères.

On peut aussi monter les serpents sur une branche d'arbre que l'on aura dressée sur un socle en bois : on les enroule autour des ramifications, et on fixe les anneaux quand la peau est encore molle en passant du fil ciré avec une aiguille dans la région du ventre et en nouant ces liens sous la branche (*fig.* 68). On garnira le socle de mousse artificielle collée à même, on vernira la branche, qu'il faudra toujours choisir bien sèche. Quant au serpent, quand il sera complétement desséché, on le vernira avec un vernis soit du genre de ceux dits *sculpture*, soit avec du vernis à tableaux. On fera bien de passer plusieurs couches de vernis un peu épaissi sur les yeux afin de leur donner l'aspect éteint qu'ils présentent chez l'animal vivant.

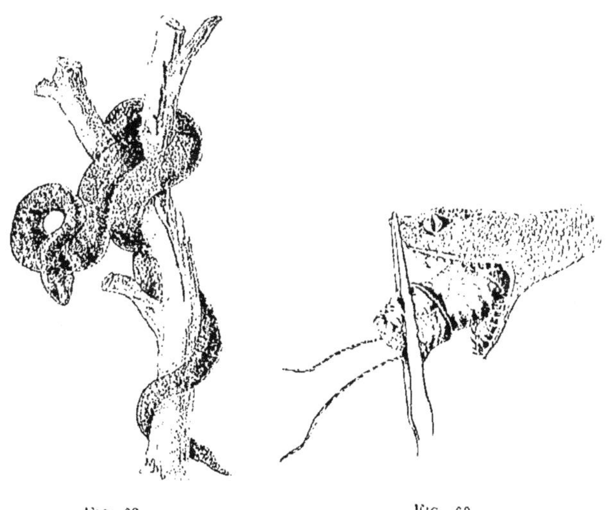

Fig. 68.
Montage d'un serpent
sur une branche d'arbre.

Fig. 69.
Écorchage d'un serpent.

Si l'on pose directement le serpent sur le socle, on l'y fixera avec des liens de fin fil de fer, préalablement peint ou verni, qui passeront de place en place par des trous très étroits percés dans la planche, sous laquelle on les fixera dans une rainure en les tordant au moyen d'une pince. On évitera de trop les serrer pour ne pas faire d'étranglements dans la peau. Je recommanderai, quand on bourrera celle-ci, de bien prendre les mesures sur le corps de l'animal pour ne pas fabriquer ensuite une vipère ou une couleuvre en forme de boudin, ayant partout la même grosseur et gonflée outre mesure. Mais sans trop bourrer la peau, il ne faut pas tomber dans l'excès contraire et présenter un ophidien à peau flasque et qui se ratatinera au fur et à mesure du séchage.

Si l'on veut empailler des couleuvres et autres serpents non venimeux, on peut procéder à l'écorchage par la tête. Après avoir fortement distendu les mâchoires, on coupe la base du crâne, intérieurement, d'un coup de ciseaux ; on continue l'incision tout autour pour détacher le gosier et on saisit le tronçon avec des pinces ; on le tire au dehors et on écorche ainsi l'animal complètement (*fig.* 69). Mais il faut avoir eu soin de lier un gros fil à l'extrémité de la queue, de telle manière que l'on puisse ensuite retourner facilement la peau quand la bête est dépouillée (*fig.* 70). Si l'on se trouve en voyage et qu'on n'ait ni le temps ni les instruments nécessaires pour bourrer et monter les serpents qu'on désire conserver, on peut, après les avoir dépouillés, passer la peau au savon arsenical, puis la remplir avec du sable fin bien sec. Quand la peau est séchée, on laisse échapper le sable en ouvrant la bouche du reptile, la peau garde sa forme et se conserve ainsi indéfiniment.

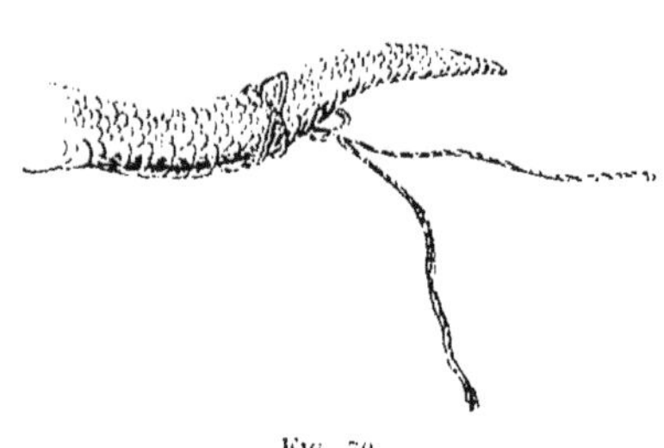

Fig. 70.

Ligature de la queue permettant de retourner la peau, le serpent une fois dépouillé.

Montage des sauriens.

Les lézards sont plus difficiles à empailler; il faut procéder comme nous l'avons expliqué pour les mammifères, et encore est-on obligé très souvent de les fendre de la gorge à l'extrémité de la queue et même de prolonger les incisions sous les membres. Pour toutes ces opérations comme pour le montage, nous renvoyons donc à la préparation des mammifères. Les sauriens devront être, une fois secs, vernis comme les ophidiens.

Tortues.

Les chéloniens ou tortues sont longs et difficiles à préparer. On est souvent obligé de tuer la tortue soi-même, et c'est là une opération assez difficile, étant donné que ces reptiles ont la vie extrêmement dure. En voyage j'ai toujours tué rapidement toutes les tortues, petites ou grandes, en leur injectant dans le corps de l'alcool aussi fort que possible. On donne un coup de poinçon fin sous la gorge de la bête, puis on introduit par cette ouverture la canule de la seringue pleine d'esprit-de-vin et on pousse rapidement. Au bout d'un quart d'heure l'animal est mort. On fixe alors la tortue, le plus solidement possible, entre les mâchoires d'un étau ou à la rigueur entre ses genoux, de

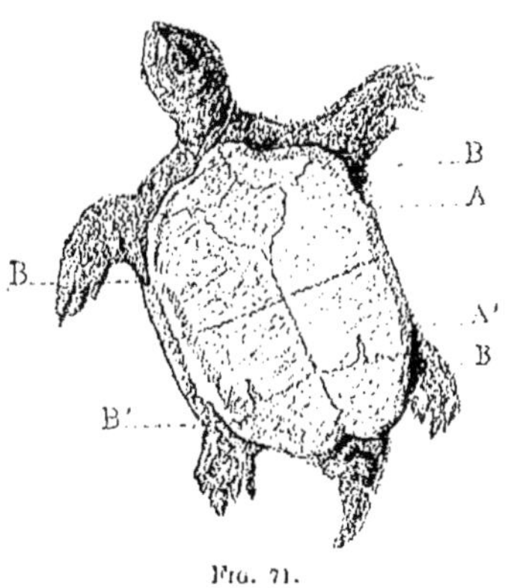

Fig. 71.

Lignes de dépeçage d'une tortue.

façon à ce qu'elle ait le ventre en l'air. Avec une scie à dents fines et friandes on scie un des côtés du plastron, près de sa suture avec la carapace en A (*fig.* 71), en ayant bien soin de ne pas couper ou déchirer la peau des aisselles ou des aines. Quand un côté est scié, on passe à l'autre et avec la lame d'un couteau on s'assure que le plastron ne tient plus que par la peau. On coupe alors, avec un scalpel bien tranchant ou des ciseaux, la peau à un centimètre environ du plastron en B, B', on passe la lame du scalpel sous le plastron, on le détache de plus en plus jusqu'à le séparer complètement du reste du corps. On vide toute la carapace, on enlève les viscères, les muscles, les os des épaules et du bassin, on dépouille les pattes qu'on est presque toujours obligé de fendre en dessous, on nettoie bien tous leurs os, qu'on laisse en place et qu'on dépouille le plus loin possible, jusqu'aux ongles. On dépèce également la queue, qu'il est presque impossible de ne pas fendre en dessous. On dépouille le cou dont on enlève complètement les os et les parties molles, n'en laissant que la peau. On nettoie le crâne, dont on élargit le trou occipital à coups de ciseaux ; on fait sortir la cervelle ; on enlève la langue, les yeux, toutes les parties molles. Ce travail long et délicat mené à bien sans déchirer la peau, on enduit les os de savon arsenical et on les enveloppe de filasse ou de coton. Avec des ficelles on relie ensemble, mais en les tenant un peu lâches et en réservant entre eux la largeur des os du bassin et des épaules, les os des pattes postérieures et antérieures ; et, si l'on a l'intention de monter la bête sur un plateau, on met de suite les fils de fer. Un premier brin, toujours asssez fort, représentant l'axe du corps, va du crâne où son extrémité aiguisée se fiche dans le museau, jusqu'à la queue où il se fixe de même très entouré de filasse A (*fig.* 72). Dans chaque patte passe un autre fil de fer, mais le même bout peut passer dans les pattes antérieures, et un autre dans les deux postérieures en B et B.' Il n'est pas absolument nécessaire que ces fils de fer soient fixés à l'axe A en C et en C. Cela vaut mieux cependant et il est facile de les assujettir avec des spirales bien tordues de fil de fer plus fin, ou en leur faisant décrire une anse comme nous l'avons expliqué pour les oiseaux et les mammifères. Cette carcasse ainsi établie, la peau étant bien badigeonnée de savon arsenical, on bourre avec des étoupes, de la filasse ou du coton, le cou et la tête, on recoud la peau du cou en ayant soin de ne pas la déchirer,

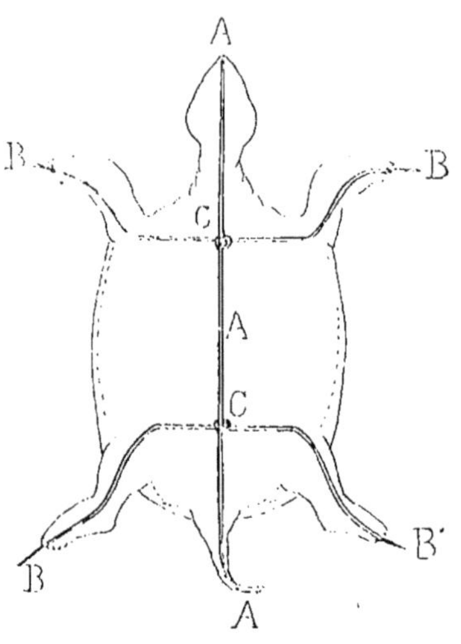

FIG. 72.

Armature en fer pour le montage
d'une tortue.

puis on bourre les pattes, on les recoud également, on tasse de l'étoupe, de la fibre de bois ou toute autre matière d'emballage dans la carapace bien enduite à son intérieur de savon arsenical, et on applique le plastron à sa place. Mais celui-ci a dû être préalablement gratté, débarrassé de toutes ses parties molles, muni d'une couche de savon arsenical. Une fois le plastron mis en place, il s'agit de recoudre la peau qui l'entoure à celle du cou, de la queue et des pattes. Pour cela il faut presque toujours se servir d'une aiguille courbe; on la peut fabriquer facilement soi-même. On recoudra avec du fil fin soigneusement ciré. Quand les coutures seront toutes terminées, on collera le plastron à la cara-pace avec de la colle forte liquide et très chaude que l'on instil-lera avec la lame plate d'un couteau, puis, ayant bien calé sa tortue le ventre en l'air, on lui mettra un poids lourd sur le plas-tron, de manière à ce qu'il serre contre la carapace et que le col-lage devienne hermétique. Au bout de quelques heures on repren-dra l'animal et on le montera sur un socle, comme un mammifère (voir page 78). On lui mettra des yeux d'émail, on vernira la peau et la carapace.

Mais il est beaucoup plus simple de ne pas monter les tortues et de les garder une fois empaillées, comme des oiseaux en peau. On pourra, dans ce cas, se passer de fils de fer.

Empaillage des batraciens.

La préparation des batraciens est assez difficile. Seules les grenouilles, étant très faciles à écorcher, s'empaillent très aisé-ment. On peut les dépouiller par la tête, comme nous l'avons dit pour les serpents, ce qui présente l'avantage de ne faire à la peau aucune ouverture que l'on soit obligé de recoudre. Une fois enlevée, la peau est enduite de savon arsenical ou de quelque autre préservatif (voir page 56) et retournée. Il est inutile de garder les os des membres, seul le crâne doit être conservé. On bourre la peau avec du sable fin et sec, on lui donne l'attitude que l'on juge convenable, on la fixe sur une planche de liège avec des épingles, et on laisse sécher. Plus tard, on fait écouler le sable par la bouche, et la peau demeure tendue, gardant la forme de l'animal.

Il ne reste plus qu'à la vernir. Mais souvent aussi doit-on la peindre, parce que les couleurs disparaissent pendant la dessiccation.

Montage.

Pour monter les grenouilles, il faut leur fabriquer des armatures en fil de fer et les garnir de coton. La bête une fois vidée par la bouche, on remet la peau à l'endroit après l'avoir munie de savon arsenical ainsi que le crâne bourré, de même que les orbites, avec du coton fin. On prend du fil de fer recuit, et on en coupe quatre bouts de 10 à 12 cm. de long ; un seul plus long doit avoir 15 ou 20 cm. Celui-ci sera plié en V (*fig.* 73) et à son angle aigu A recevra un autre bout B qui s'y entortillera par plusieurs tours de spire bien serrés, et le V sera tordu deux fois sur cette ligature en C. Les deux branches du V (D, D) seront les armatures des pattes, le bout qui les continue, B, servira de colonne vertébrale et viendra se fixer dans le crâne à son extrémité libre, H. A une hauteur convenable on y aura ménagé une boucle E. Par la bouche distendue de la grenouille on introduit cette armature, les deux branches du V en avant. Toute cette armature a été habillée de fin coton enroulé autour, mais n'engageant pas la boucle E, qui doit rester libre. On pousse doucement jusqu'à ce que les extrémités K aient pénétré dans les pattes et, comme on les a aiguisées légèrement, elles les traversent et les dépassent de 1 cm. au moins. Alors au moyen de pinces très fines on bourre doucement la grenouille avec du coton, après avoir toutefois rempli les jambes jusqu'aux cuisses avec du sable fin ; quand on est arrivé à hauteur de la boucle E, c'est-à-dire à hauteur des épaules, on prend un brin de fil de fer aiguisé aux deux bouts et on le fait passer par les deux pattes de devant en traversant la boucle E, dont il dépassera les paumes d'un bon centimètre en M, M. On continue

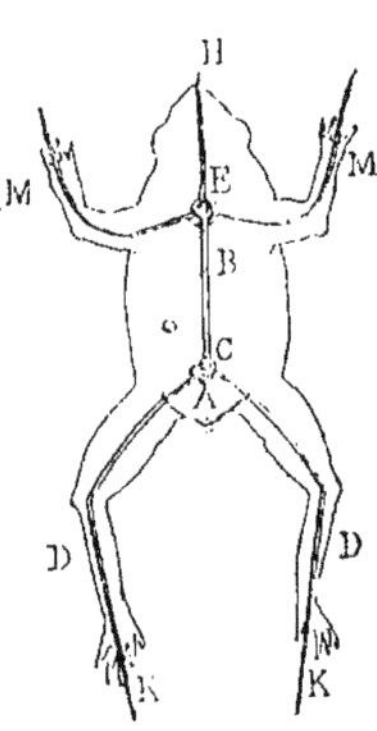

Fig. 73.

Armature en fil de fer pour le montage d'une grenouille.

à bourrer avec des pinces aussi longues et fines que possible, et si elles sont recourbées, cela vaudra mieux encore. On fera bien de remplir les pattes antérieures avec du sable qui pénétrera dans les doigts. La peau bourrée jusqu'au cou sera alors tirée jusqu'à ce qu'on ait fait pénétrer le bout de fil de fer E dans le crâne où il se fixera en H dans le museau. On bourre la gorge et la bouche que l'on ferme avec une épingle : c'est alors le moment de donner à la grenouille l'attitude que l'on juge convenable. Beaucoup d'amateurs se donnent le plaisir de composer des groupes de grenouilles montées sur des socles dans des attitudes humaines, assises sur des chaises autour d'une table, jouant au billard, faisant l'exercice du fusil, se battant en duel à l'épée, etc. Il suffit pour cela d'avoir assez d'adresse et de goût pour bien monter les animaux et pour fabriquer les accessoires. Les fils de fer qui dépassent des membres en M et en K serviront à fixer ceux-ci sur le socle ou quelque autre objet.

Pour les autres batraciens, on peut les empailler en gardant maintes précautions, à la manière des lézards et autres reptiles sauriens. Mais, en somme, il est beaucoup plus aisé et commode de les conserver dans l'alcool.

D'une façon générale nous recommanderons de toujours procéder au montage quand les peaux sont très fraîches : si on voulait rectifier les attitudes quand elles sont sèches, on les déchirerait sans remède. Si l'on veut remanier un animal sec, il faut le ramollir dans une marmite à moitié pleine de sable ou de grès mouillé et hermétiquement fermée. Pour éviter la moisissure il est utile de mettre quelques gouttes d'acide phénique; avec cette précaution l'animal peut séjourner plusieurs jours dans le ramollissoir, jusqu'à ce que toutes ses parties aient repris leur souplesse.

Si un batracien ou un reptile très sec venait à se déchirer ou à se briser, on peut réparer le dégât avec de la colle forte, avec de la cire mieux encore, sur laquelle on peut repeindre et passer du vernis; mais avant de procéder à une restauration, il est toujours utile de ramollir l'animal. Dans le cas où celui-ci serait de trop grande taille pour être mis dans un ramollissoir, on l'envelopperait dans un vieux linge, puis dans des chiffons mouillés, et on le laisserait ainsi plusieurs jours jusqu'à ce qu'il ait repris sa souplesse.

V. — PRÉPARATION DES POISSONS.

Conservation dans l'alcool.

Les poissons comptent parmi les animaux les plus difficiles à préparer, quand on veut les empailler, s'entend, car autrement on peut les conserver dans l'alcool, ce qui est un moyen coûteux mais facile, encore qu'il demande quelques précautions. Il ne faut pas en effet, quand on a pêché ou acheté un poisson, croire qu'il suffise de le mettre dans un bocal plein d'esprit-de-vin pour qu'il se conserve indéfiniment. Au bout de quelque temps on est souvent étonné de trouver le poisson gonflé, flottant sur le liquide et présentant la partie émergée à moitié pourrie, tandis qu'au fond du bocal une bouillie brune laisse voir les écailles détachées, si l'alcool n'a pas pris une couleur tellement foncée qu'on ne distingue plus rien.

On doit d'abord laver le poisson proprement dans l'eau douce, le retirer et l'essuyer avec un linge fin, et plusieurs fois, en allant de la tête à la queue, pour le débarrasser du mucus qui le couvre. Puis, s'il est trop gros, on peut avec des ciseaux fins, lui ouvrir profondément le ventre près de l'anus, et passer un long couteau dans l'ouverture — qu'on doit tenir toujours étroite — en se dirigeant vers la tête, pour crever la vessie natatoire. Le poisson est ensuite plongé dans de l'alcool à 45° centigrades où on le laisse séjourner pendant huit ou dix jours ; on peut naturellement mettre plusieurs animaux ensemble dans le même récipient, sans toutefois trop les serrer. Au bout de ce temps on met les poissons dans de l'alcool à 80° où ils séjournent quinze jours, car si on les avait mis tout de suite dans de l'alcool de cette force il se serait produit à la surface du corps des coagulations albumineuses qui auraient empêché l'esprit-de-vin de pénétrer, et les animaux, extérieurement durcis, auraient pourri lentement à l'intérieur. Il faut, au bout des quinze jours, retirer les poissons et les ranger dans des bocaux pleins d'esprit-de-vin à 45° où ils pourront rester alors indéfiniment. Mais on devra cependant changer la liqueur quand elle roussira ou jaunira, ce qui se produit souvent dans les premiers temps. Recommandons encore, si l'on est en voyage, de mettre les poissons, chacun bien enveloppé dans un linge, dans un récipient où ils soient bien serrés les uns contre les autres, car les frottements et les chocs ne tarderaient pas à les détériorer.

Procédé par l'acétate de soude.

On préconise depuis quelque temps un assez bon moyen de conserver les poissons pendant qu'on voyage, c'est par l'acétate de soude, sel déliquescent, incommode à transporter, et ayant l'inconvénient de coûter fort cher. Quand on veut préparer provisoirement des poissons, on les met, bien essuyés, dans une caisse en bois, sur une couche d'acétate de soude et on les recouvre de quelques poignées de ce sel. On procède comme pour des poissons au saloir : une couche de sel, une couche de poissons. Au bout de quelques jours les poissons ainsi salés sont

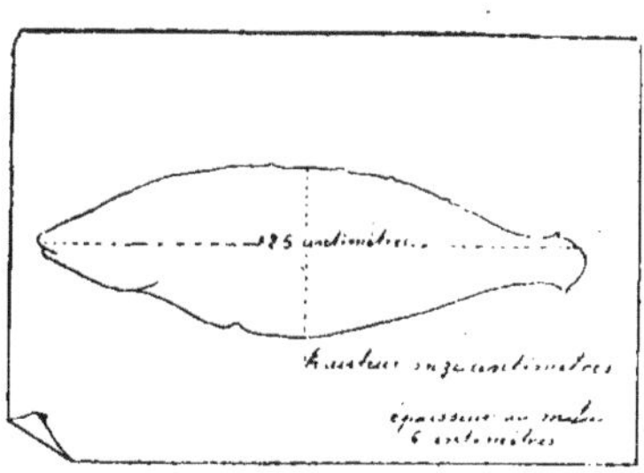

Fig. 74.

Tracé des mesures du poisson à empailler.

secs comme des harengs saurs; on n'a plus qu'à les envelopper dans des chiffons ou du papier et à les emballer dans une caisse. Mais, s'ils peuvent ainsi s'y conserver indéfiniment, il ne faut pas oublier qu'ils ne sont nullement à l'abri des insectes rongeurs; j'ai vu à Obock les dermestes pulluler dans mon séchoir où les larves de mouches se développaient, se chrysalidaient, puis devenaient insectes parfaits au milieu de l'acétate de soude. Il faut donc ajouter de l'acide phénique et de la naphtaline. C'est un procédé de voyageur, non d'amateur. Toutefois, les poissons ainsi desséchés, une fois plongés dans l'eau, reprennent au bout de deux ou trois jours leur forme et un peu de leurs couleurs. On n'a plus alors qu'à les mettre dans l'alcool, où ils font aussi bonne mine que les autres individus d'une collection.

Empaillage.

Mais, si l'on est industrieux, adroit et patient, le meilleur moyen de se créer une jolie collection sera l'empaillage. Il faut choisir des individus de taille petite ou moyenne : d'abord ils sont plus faciles à préparer, et ensuite ils sont moins encombrants. Quand on achète ces poissons au marché, à la ville ou à la mer, il convient de bien regarder s'ils sont complets, si les piquants de leurs nageoires ne sont pas brisés. On n'aura jamais besoin, par exemple, de s'assurer de leur état de fraîcheur. Sans aller, comme les auteurs anciens, jusqu'à recommander de laisser pourrir le poisson parce qu'il est alors plus facile à écorcher, je conseillerai de toujours attendre un jour pour que l'animal trop frais se durcisse un peu.

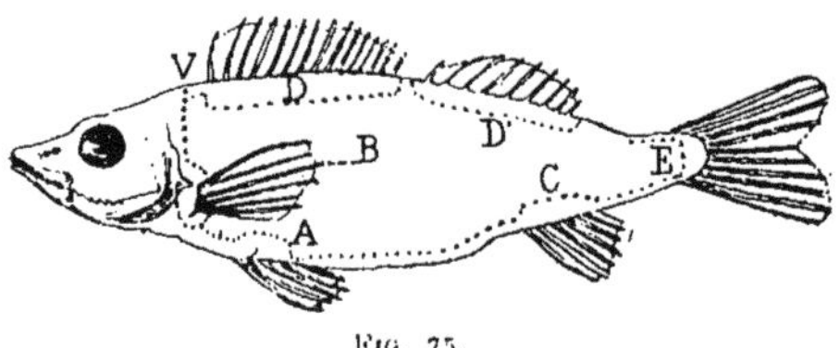

Fig. 75.

Place des nageoires.

Il faut essuyer le poisson avec un linge. Puis, la chose importante est de bien prendre ses dimensions. Sur une feuille de papier, où on le couche de côté, on trace le contour du corps avec un crayon (*fig.* 74), sans se donner la peine d'écarter les nageoires, et avec un compas on mesure l'épaisseur du corps, dont on prend note sur la feuille de papier. On procède ensuite à l'écorchage de la bête.

Pour cela, on fend, avec des ciseaux, un canif ou un scalpel bien tranchant, le ventre depuis la racine de la queue jusqu'à la mâchoire inférieure. On saisit alors un des côtés de la peau que l'on soulève doucement, en la décollant par des tractions lentes et à l'aide d'une spatule en bois ou du manche du scalpel; on détache à mesure, avec le tranchant, la chair quand elle adhère.

Avec les ciseaux on coupe les racines des nageoires pectorales, A
(*fig*. 75), et on découvre de plus en plus les flancs, jusqu'à atteindre les nageoires branchiales B, après avoir coupé les racines des
nageoires anales. Quand les deux flancs sont découverts presque
jusqu'au dos, on coupe la racine de la queue en E et on continue
à dépouiller lentement ; on coupe la racine de la nageoire dorsale
en D' puis en D, et le corps se trouve ainsi presque complètement
dépouillé. Avec de gros ciseaux on coupe la colonne vertébrale
en V, le plus près possible de la base du crâne ; on continue à
couper derrière la tête jusqu'à ce qu'on ait complètement détaché
le corps. On prend alors la mesure bien exacte de celui-ci en longueur et hauteur, et on la note sur la feuille de papier où sont
déjà tracées les autres indications.

Une partie importante de l'opération est donc faite ; il reste
encore à nettoyer la peau, à la bourrer. Avec le dos du scalpel ou
de la lame du canif on racle bien la peau en dedans, pour enlever
les chairs qui y restent adhérentes, on nettoie le mieux possible
les racines des nageoires ; avec des pinces on enlève les yeux des
orbites, et on note la couleur de ces yeux, on prend leur contour
exact sur la feuille de papier. Ensuite on nettoie la tête, on enlève
les parties molles des branchies, on agrandit le plus possible le
trou de la base du crâne ; on extrait, avec un fil de fer recourbé
en crochet, la cervelle, les nerfs, les muscles ; puis, quand on a
tout gratté, on met la peau tremper dans une cuvette pleine d'eau
légèrement phéniquée.

Sur une planchette de bois blanc, bien tendre, comme du peuplier, — une planche de liège de 5 à 8 mm. d'épaisseur peut
faire aussi l'affaire — on trace le contour du corps que l'on a
retiré de la peau. On découpe ce contour à la scie en ayant soin
de ménager les encoches nécessaires au logement des racines des
nageoires, A, A' (*fig*. 76). Puis avec une râpe on adoucit et amin-
cit les profils du contour suivant les mesures prises. Cela fait, on
prend de la filasse ou du coton, mais la filasse vaut mieux ; on
la hache avec les ciseaux, on la mouille et on l'applique sur la
forme en bois, d'abord sur l'une des faces, en la modelant jusqu'à
lui donner la forme et le volume du corps du poisson.

On retire la peau de l'eau, on l'essuie, puis on la badigeonne
intérieurement de savon arsenical employé à consistance cré-

meuse; on en mettra surtout sur les os de la tête, on en fera pénétrer dans le crâne, sous les branchies en y poussant de la filasse hachée menue et pétrie avec cette pâte de savon. Si l'on n'a pas de savon arsenical, on fera une solution de savon quelconque, à consistance mousseuse, et on y mêlera de la poudre de camphre, du tabac à priser, de la naphtaline, de l'acide phénique, ou ce qui est excellent, de la poudre à punaises ou insecticide Vicat. On peut encore se faire faire par un pharmacien une solution de sublimé corrosif, mais les pharmaciens savent tous préparer le savon arsenical qu'ils connaissent sous le nom de savon de Bécœur.

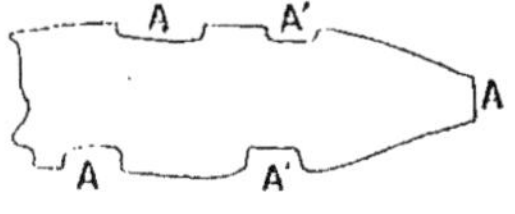

Fig. 76.

Planchette en bois découpé, figurant la forme du poisson à empailler.

Prenant alors la peau, on y entre la planchette garnie de filasse à la place que le corps occupait auparavant, on ajuste bien les nageoires, et de place en place on enfonce de fortes épingles d'acier à tête d'émail ou même de longues pointes fines que l'on applique au marteau, afin de tenir tout en place. Toute la ligne du ventre est épinglée sur la planchette, du côté bourré seulement. On retourne alors le poisson sur sa face bourrée et avec des pinces on bourre de filasse l'autre moitié, en respectant bien les mesures, puis on fixe avec des épingles ou des clous. Mais on enlève alors les épingles de la ligne du ventre et, avec une aiguille enfilée de fil ciré, on recoud le ventre sur toute sa longueur.

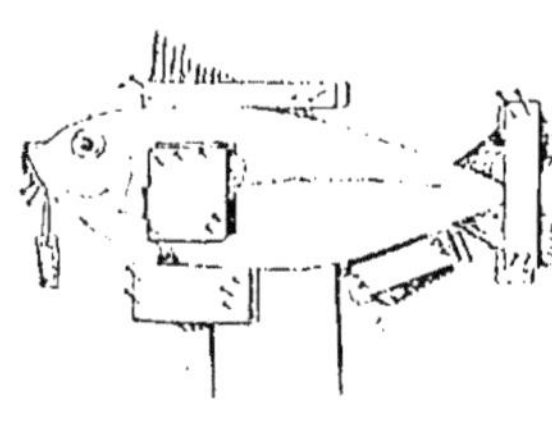

Fig. 77.

Montage d'un poisson.

On remplit les orbites de coton, on ferme la bouche que l'on maintient avec des épingles, et l'on prend chaque nageoire, après l'avoir bien étalée, entre deux planchettes de liège réunies par des épingles (*fig*. 77). On laissera sécher le poisson dans un endroit aéré et sec : au bout de quelques jours il sera complètement desséché. Il ne restera plus qu'à lui mettre des yeux en émail si on le juge utile, et à vernir la peau, soit avec ces vernis à l'alcool dits *vernis sculpture* que l'on trouve dans le commerce, soit avec du vernis à tableaux.

On recommande de passer sur la peau du poisson, tandis qu'il sèche, plusieurs couches d'essence de térébenthine. Ce procédé a l'avantage de durcir la peau et de la préserver de l'attaque des insectes.

Il ne détruit pas sensiblement les couleurs qui, du reste, disparaissent presque toujours, quels que soient les artifices employés pour les conserver.

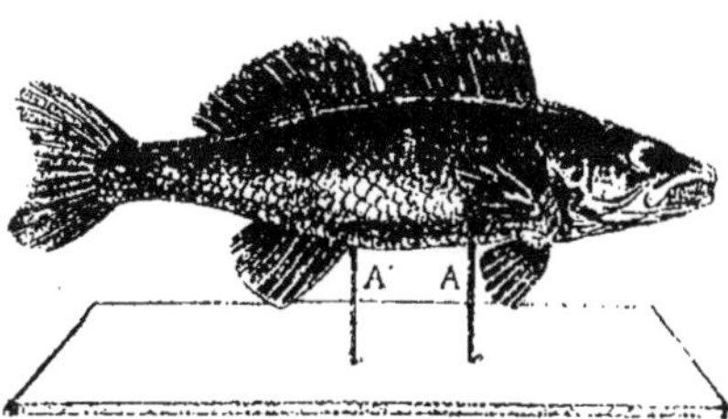

Fig. 78.

Montage du poisson sur socle.

Montage.

Si le poisson doit être monté sur un socle, il faut prendre quelques précautions en préparant la carcasse. En deux points de la forme en bois correspondant au ventre, on percera avec une vrille fine deux trous très profonds correspondant l'un à la place **A**, l'autre à la place **A'** par rapport aux nageoires pectorales et ventrales (*fig.* 78). Dans ces trous on enfoncera deux tiges en fil de fer rond, d'une hauteur proportionnée à celle du poisson et dont les extrémités auront été soigneusement aiguisées avec une lime. On forcera les fils de fer dans la forme avec une pince à mors plat ou un petit étau à main; puis on procédera comme nous l'avons expliqué plus haut, sans s'occuper de monter le poisson, qu'on laisse sécher.

On lui préparera un socle en bois blanc, d'une épaisseur moyenne; puis, quand le poisson sera sec, on fera deux trous dans le socle, sans le traverser complètement, et on y fixera les deux supports en fil de fer que l'on peindra avec un vernis à métaux pour qu'ils ne se rouillent pas. Après quoi on peint le socle avec du blanc à la colle.

Les yeux en émail se trouvent chez les marchands naturalistes.

On les choisira suivant la taille et la couleur notées au début de l'opération ; on les fixera dans les orbites ramollis avec des étoupes mouillées et on les assujettira avec de la colle forte à froid ou quelque autre colle à son choix.

On peut remplacer le système de la planchette de bois par une carcasse de fils de fer ainsi disposés (*fig.* 79) et réunis ensemble par torsion, cette carcasse étant construite sur les dimensions exactes du poisson à monter. Mais si ce procédé présente des avantages de légèreté, il offre aussi des difficultés, grandes surtout dans la manière de bien prendre exactement le contour du poisson.

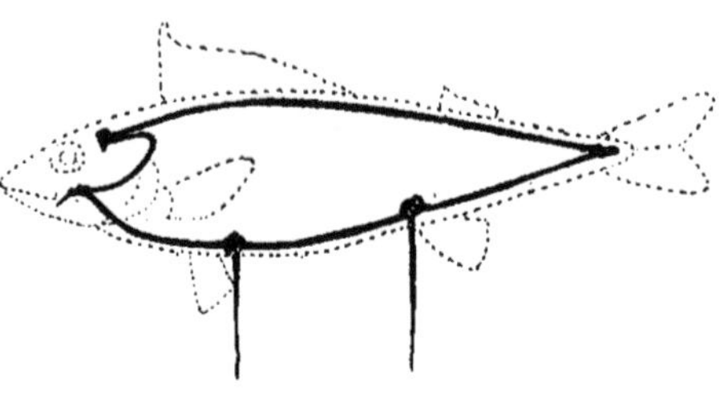

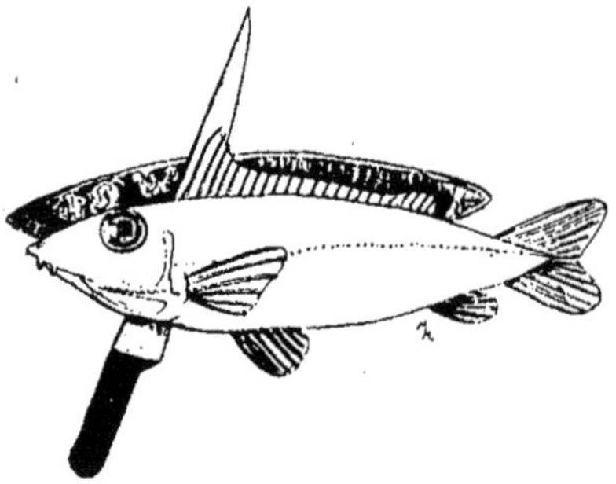

FIG. 79.

Carcasse en fil de fer remplaçant la forme en bois
pour le montage du poisson.

Si l'on est ami de la simplification, on peut préparer les poissons pour qu'ils soient vus seulement de profil, fixés de côté sur une planche. Pour cela on prend un couteau bien tranchant et on coupe le poisson, un peu en arrière de la ligne médiane, longitudinalement de haut en bas, de façon à en faire deux moitiés à peu près égales (*fig.* 80) ; avec des ciseaux l'on divise la tête de même. Sur la moitié de poisson que l'on veut préparer l'on a nécessairement laissé les nageoires impaires. On écorche comme nous l'avons précédem-

FIG. 80.

Section longitudinale d'un poisson
pour montage en demi-bosse.

ment expliqué, on nettoie bien l'intérieur de la tête, ce qui se fait facilement puisqu'elle est complètement ouverte, puis on monte sur la forme en bois garnie d'étoupes et on fixe le poisson bourré sur une planchette de bois ou de liège où on assujettit la peau par des épingles fines fixées de place en place (*fig.* 81). On met les nageoires en position, on les étale avec des épingles et on les maintient avec des morceaux de carton, puis on laisse sécher autant que possible dans un endroit obscur, car la lumière altère rapidement la couleur des poissons. Quand l'animal est sec, on le monte sur une planchette en le fixant avec de fins clous et de la colle forte, puis on le vernit, et on peint la planchette avec du blanc à la colle.

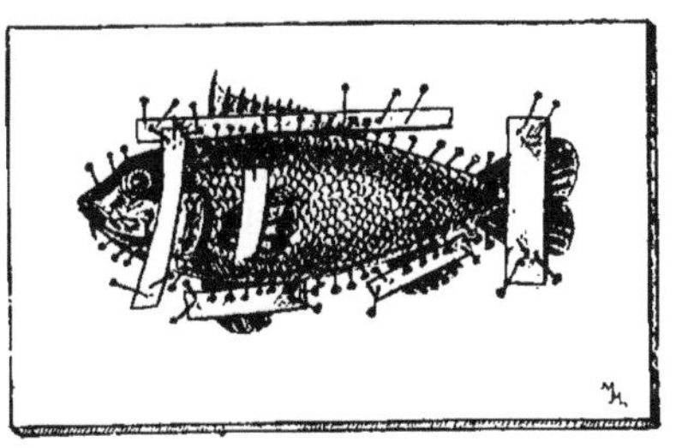

FIG. 81.
Fixage du poisson empaillé sur une planchette.

Procédé au sable.

Voici une manière de préparer les poissons, déjà un peu ancienne, et qui permet de former des collections ayant au moins le mérite de la légèreté. Après avoir écorché le poisson comme nous l'avons dit plus haut, enduit sa peau de savon arsenical, on recoud celle-ci tout le long du ventre à petits points fins et serrés, opération peu aisée et qui demande beaucoup de soin, car la peau est toujours molle et se déchire sans cesse. On suspend ensuite le poisson au moyen d'un crochet passant par la mâchoire supérieure (*fig.* 82) et attaché par une ficelle à un support quelconque; par la bouche ouverte, on verse du sable fin et sec, jusqu'à ce que la peau soit remplie et présente l'aspect et le volume que le poisson avait de son vivant. On décroche le poisson, on ferme sa bouche avec des épingles, on dispose les nageoires entre des plaquettes de liège au moyen d'épingles, puis on fait sécher dans une étuve on dans un four de boulanger, non sans avoir eu soin d'entourer de bandelettes de toile la région des ouïes, pour que le sable ne s'échappe pas. Au bout de quelque temps, le poisson étant bien sec, on le retire, on défait les bandelettes, on ôte les épingles qui fermaient la bouche, on tient l'animal la tête en bas de manière à laisser tomber le sable. Ainsi vidée, la peau conserve sa forme, et on a un poisson très bien conservé et très léger qu'il suffit de vernir, et que l'on peut conserver indéfiniment.

Mais, de quelque manière que l'on conserve les poissons, les couleurs brillantes, métalliques, qui les ornaient pendant leur vie ne tardent pas à abandonner leurs dépouilles. On peut essayer de remédier à cet état de choses en repeignant les peaux. Il sera bon, alors, de prendre, au moment où le poisson est tiré de l'eau, un croquis à l'aquarelle indiquant bien ses couleurs. Plus tard, quand on voudra, il sera toujours temps de repeindre la peau d'après cette maquette, avec des couleurs à l'huile dissoutes lentement dans du vernis. Mais il faudra éviter de vernir les peaux de poissons avant de les peindre, il vaut mieux passer sur elles plusieurs couches d'essence de térébenthine et les laisser longuement sécher avant de procéder à la peinture.

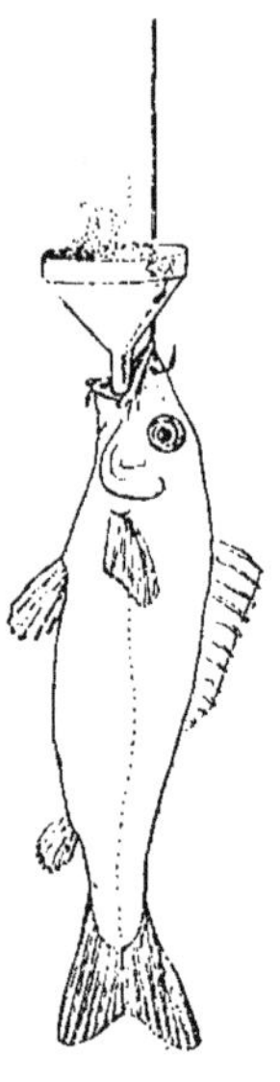

Préparation d'un poisson par le procédé au sable.

Voici un procédé délicat, mais qui peut être essayé surtout pour les poissons dont la peau bourrée de sable se sèche au four. Une fois la bête écorchée, on gratte bien la peau, de manière à en détacher les parties molles, on la frotte doucement avec de la poudre très fine d'alun et de la cendre, puis on la nettoie avec un pinceau jusqu'à ce qu'elle soit à peu près transparente. Avec un blaireau mou on l'enduit — à l'intérieur, naturellement — d'une très légère couche de cette préparation nommée *colle d'or* par les doreurs et que vendent tous les marchands de couleurs, puis on laisse tout tranquille pendant une heure. Alors, suivant la couleur et l'éclat métallique du poisson, on applique sur la peau, enduite de *colle d'or*, des feuilles d'argent ou d'or battu, comme celles dont se servent les encadreurs. Avec un gros blaireau très mou — un pinceau de marte serait encore meilleur — on tamponne très légèrement pour bien appliquer le métal, et on en remet tant qu'il y a des vides, en ayant grand soin de ne pas empoisser son pinceau. On recoud la peau, on la remplit de sable, on la fait sécher au four. Quand elle est sèche et débarrassée de son sable, on voit l'effet que fait l'or ou l'argent à travers la peau, et avec des couleurs au vernis on peint légèrement, par glacis, jusqu'à ramener le poisson à sa couleur naturelle. Le meilleur vernis à employer est celui dit *à tableaux n° 2*. Mais pour vernir définitivement tous les poissons, je recommanderai le vernis indiqué anciennement par Nicolas.

Essence de térébenthine.	250 grammes.
Térébenthine claire du commerce .	125 —
Sandaraque	92 —
Mastic en larmes	30 —
Alcool à 60° centigrades	125 —

Toutes ces matières réunies ensemble dans une fiole à long col sont fondues au bain-marie, à un feu doux, jusqu'à parfait mélange.

VI. — **ANIMAUX ARTICULÉS**.

A l'exception des insectes et des crustacés qui demandent une préparation spéciale, tous les autres articulés, c'est-à-dire les arachnides et les myriopodes, doivent se garder dans l'esprit-de-vin. Les précautions à prendre pour leur conservation sont à peu près les mêmes que pour les reptiles. Il faut employer de l'alcool non acide, pesant environ 45° centigrades, que l'on changera jusqu'à ce que l'animal y plongé ne lui donne plus de couleur.

Araignées et myriopodes.

Les araignées et les scolopendres ou mille-pieds se recherchent comme les insectes, ces derniers particulièrement sous les pierres, et les écorces d'arbres. On fera bien de les saisir avec des pinces parce que leur morsure, souvent venimeuse, est toujours désagréable. Le genre de vie des araignées est extraordinairement varié ; aussi doit-on, pour les récolter utilement, commencer par s'occuper des insectes en général : on les trouvera au courant de cette chasse, puis quand on voudra se spécialiser, on étudiera plus particulièrement leurs conditions d'habitation. Beaucoup vivent dans les caves, dans les maisons. On devra, pour certaines espèces qui se logent dans de grandes toiles suspendues très haut parmi les branches des arbres, employer le filet à papillons. La chasse aux araignées peut se faire en toutes saisons. Pendant l'hiver on en trouve un grand nombre engourdies dans les creux des pierres, les anfractuosités des murs, les fissures des troncs, blotties sous les écorces. La fumée de tabac, pendant la belle saison, les fait souvent sortir des trous profonds où elles se tiennent cachées. Mais comme ce sont des animaux très intelligents, et qui ont une vue excellente, il est rare qu'elles se décident à sortir quand elles ont vu le chasseur. Leur chasse est d'ailleurs difficile et délicate, car si on les saisit avec des pinces, on risque toujours de les briser, et on répugne, au début, à les prendre avec les doigts. Il sera donc bon, quand on commencera à les rechercher spécialement, de procéder avec la main habillée d'un vieux gant de peau souple, comme un gant de Suède. Peu à peu on s'habituera à les prendre avec la main nue, et sans craindre de se faire mordre. Il suffit, en effet, de les happer rapidement, entre le pouce et l'index, par les côtés du corps. Toute araignée ainsi saisie replie immédiatement ses pattes, et comme elle ne peut faire des mouvements de son corps, il lui est impossible de mordre.

Les espèces qui creusent la terre y font souvent des nids assez profonds. Il faut enfoncer une paille dans le terrier et, avec une petite pelle, creuser la glèbe autour, de façon à détacher la motte de terre. En brisant celle-ci on trouvera l'animal. Celles qui font des bourses soyeuses enfoncées dans les profondes anfractuosités des murs exposés au midi se tiennent au bord de leur tanière dont la soie rayonne autour de l'orifice. Mais elles se retirent au fond à la moindre alerte. Il faut détacher avec des pinces l'étoile soyeuse de l'entrée, puis par un mouvement de rotation on tourne la bourse sur elle-même et on l'extrait d'entre les pierres. L'araignée se trouve prise au fond et on peut jeter le tout dans le flacon de chasse.

Celui-ci doit être assez large de goulot avec un bon bouchon en liège, un peu haut, et être plein à moitié d'alcool ne pesant pas plus de 25° centigrades. Les petites espèces se recueillent dans des tubes en verre pour ne pas les mêler aux grosses, car il faut sans cesse craindre que les ventres ne se crèvent, d'autant que les bêtes, en mourant, déchirent avec leurs pinces ce qui se trouve à leur portée.

On recommande pour les espèces à très gros abdomen rempli d'œufs, comme certaines femelles d'épeires, l'immersion rapide dans l'eau bouillante où la bête ne doit pas séjourner plus d'une seconde. Les liquides ainsi coagulés se conservent bien dans l'alcool; faute de cette précaution il se produit des fermentations qui déforment l'animal et lui donnent le plus mauvais aspect.

Une collection d'araignées doit se conserver dans des tubes et des flacons dont chacun est destiné à une seule espèce. On y colle une étiquette en papier avec le nom de l'espèce quand on l'a déterminée, le nombre des individus, les localités et les dates de prise. On peut aussi mettre dans l'alcool du récipient de petites étiquettes de parchemin sur lesquelles ces indications sont écrites avec un crayon très noir ou de la bonne encre de Chine.

Rangement en collection.

Certains amateurs rangent leurs arachnides dans des tubes placés sur des espèces de petites étagères en forme de porte-bouteilles horizontaux disposés comme le montre la figure 83.

Nous recommanderons d'employer des tubes un peu longs, à fond plat, à bouchon très haut. Mais, pour une collection vraiment scientifique, une bonne méthode est la suivante, comme l'a prouvé M. Eugène Simon. On a, par petits groupes ou par genres, des bocaux un

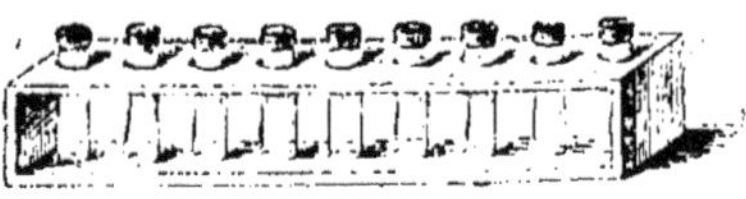

Fig. 83.

Rangement des tubes d'une collection d'arachnides.

peu larges remplis d'alcool dans lesquels sont renfermés autant de petits tubes qu'il y a d'espèces. Ces petits tubes, également pleins d'alcool, contiennent les divers individus d'une même espèce avec une étiquette de parchemin où est inscrit le nom ou un numéro se reportant à un catalogue. Chacun de ces petits tubes est bouché avec un tampon de fine ouate, de façon à ce que les araignées ne se dispersent pas au dehors, mais de manière à ce que l'alcool du grand récipient ne laisse jamais tarir celui des petits tubes, inconvénient qui arrive presque toujours dans les autres systèmes de rangement.

Quand on veut examiner les arachnides, on retire les tubes un à un avec une pince fine, jusqu'à ce qu'on ait trouvé l'espèce demandée. D'une façon générale, il ne faut pas oublier que les animaux doivent être le moins possible tirés hors de l'alcool, sans quoi ils se détériorent vite. Il faut, pour les étudier, se servir de ces cuvettes plates dont se servent les photographes. Le bou-chage des flacons le meilleur paraît être celui à l'émeri; le bouchon de liège, surtout dans un col rodé, donne d'excellents résultats, mais le caoutchouc doit être absolument rejeté comme étant des plus dangereux. D'abord le soufre, dont il est toujours pénétré, se dissout en partie, noircit l'alcool et les animaux y inclus, se dépose sur le col du récipient, puis il se recroqueville, se fendille et laisse échapper l'alcool.

Récolte et préparation des crustacés.

Les crustacés, dont les types les plus vulgaires sont les cloportes, les crabes, les écrevisses, les homards, vivent en général dans la mer. Cependant il en existe beaucoup de terrestres, d'autres encore habitent les eaux douces. Dans nos pays, les crustacés terrestres sont surtout des cloportes. Ces animaux se plaisent dans les endroits plutôt humides; on les trouvera sous les pierres, les écorces, au pied des arbres. Une curieuse espèce blanchâtre, le *platyarthrus Hoffmannseggi*, est commensale de diverses espèces de fourmis; on pourra la trouver en visitant les fourmilières. Tous ces crustacés terrestres, de petite taille, sont d'une préparation facile. On les conservera dans des tubes remplis d'alcool à 45° centigrades, en ayant soin de mettre sur chaque récipient une étiquette indiquant la localité, la date de prise et le nom de l'espèce quand on pourra se le procurer. Le même mode de conservation est applicable aux crustacés d'eau douce, qui sont tous de petite taille. Mais leur chasse nécessite quelques instruments pouvant tous se ramener au filet troubleau que nous avons décrit (page 81) pour la pêche des batraciens.

C'est au printemps, dans les fossés herbeux subitement inondés, dans les grandes ornières pleines d'eau que l'on fera les meilleures récoltes, si l'on a la chance de tomber sur une éclosion d'*apus* ou de *branchipes*, êtres singuliers qui apparaissent parfois en quantités considérables pour disparaître brusquement, quelquefois pendant des années. Les gamares ou puces d'eau sont communes durant la belle saison dans les flaques d'eau. On peut, pour récolter ces animaux, se servir avantageusement d'une petite passoire attachée après une canne, ou se fabriquer un petit troubleau de 10 à 12 cm. de diamètre avec une poche en canevas, montée sur un cercle en fil de fer et emmanché à une courte canne.

Dans les étangs, parmi les herbes, vivent de grandes quantités de minuscules crustacés très curieux, que leur transparence rend presque impossibles à distinguer. Si l'on veut les recueillir, il faut ramasser avec le troubleau une certaine quantité d'eau chargée de végétaux ou, ce qui est mieux encore, remplir un seau de cette eau puisée près du bord. Après quoi, avec un petit filet à poche de fine gaze, on pêche dans ce récipient, et quand on voit le fond du filet plein d'une masse gélatineuse, on le retourne dans un vase plein d'alcool où les petits crustacés se durcissent, prennent une coloration plus foncée et se distinguent même à l'œil nu. Mais tous ces petits êtres doivent être examinés avec une forte loupe ou même avec un microscope.

La récolte des crustacés est surtout riche aux bords de la mer. C'est à marée basse, dans les petites mares, dans les anfractuosités des rochers, que l'on fera des trouvailles. Pour cette chasse on se munira d'un petit seau en zinc, d'un sac, d'un troubleau ou d'un vieux filet à papillons à poche de toile et d'une petite passoire avec laquelle on pêchera dans les mares. Il n'est pas inutile de porter aussi un fort couteau et une bonne paire de pinces comme celles dont on se sert pour capturer les reptiles. Les petits crustacés seront mis dans le seau à moitié plein d'eau douce où ils mourront vite, les gros crabes dans le sac; quant aux très petites espèces, on pourra les mettre directement dans des flacons pleins d'alcool. Mais, en général, il vaut mieux, quand on a pris des crustacés, les laver longuement dans l'eau douce avant de les mettre dans l'esprit-de-vin.

Beaucoup de crustacés marins sont fixés sur les pièces de bois, les rochers, comme les anatifes, les balanes, et beaucoup vivent sur la peau des poissons, des cétacés, soit qu'ils y soient à demeure et maintenus par des radicelles, ou qu'ils s'y accrochent avec leurs crochets ou leurs suçoirs. Pour se procurer ces animaux, il faut s'adresser aux pêcheurs et visiter leurs filets quand ils sortent de l'eau remplis de goémons et autres algues dans lesquels se trouvent prises nombre de bêtes intéressantes. Dans les moules et beaucoup d'autres mollusques, des petits crabes mènent une existence parasite. Peu à peu, avec l'étude et l'observation, on étendra ses recherches et on se formera une intéressante collection, d'autant plus intéressante que l'on aura bien soin de noter quels sont les hôtes de ces crustacés.

Tous, en principe, doivent se conserver dans l'alcool, et leur conservation, leur rangement en collection sont les mêmes que pour les araignées, comme nous l'avons dit plus haut (page 105). Mais quand on a affaire à des crabes, des homards, ou même à l'écrevisse de nos ruisseaux, il vaut mieux les garder secs après préparation préalable. Les crustacés que l'on veut conserver secs ne doivent jamais être tués dans l'alcool, car ce liquide les rougit plus ou moins. Encore moins faut-il les tuer dans l'eau bouillante, ce qui leur donnerait un ton cramoisi. Les espèces marines seront tuées par immersion dans l'eau douce, les écrevisses par les vapeurs de benzine.

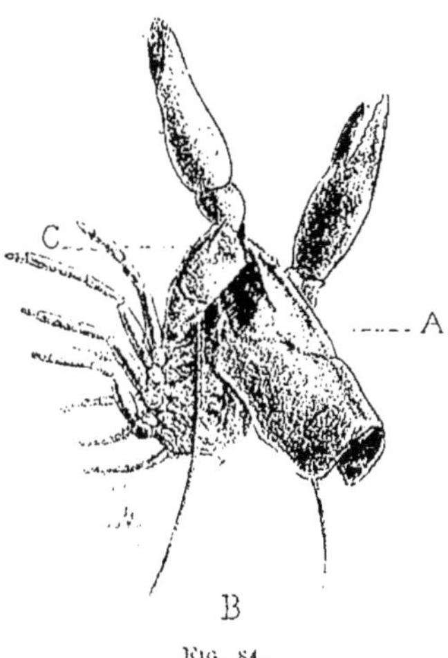

Fig. 84.

Manière de préparer une écrevisse.

Mais je recommande d'éviter l'acide phénique qui, toutes les fois qu'il entre en contact avec ces animaux, les tache d'une façon irréparable.

Empaillage.

Quand on veut préparer une écrevisse, un homard, une langouste, on commence par détacher l'abdomen — c'est ce qu'on nomme vulgairement la queue — et on en vide l'intérieur avec un bout de fil de fer dont on a recourbé une extrémité en crochet. Mais, en principe, pour vider proprement et complètement les crustacés, il ne faut pas le faire quand ils sont frais. Quand on a séparé sa bête en deux, on la laisse tremper trois ou quatre jours dans l'eau qu'on peut changer souvent pour éviter la mauvaise odeur. Au bout de ce temps les chairs se détachent toutes seules. A la rigueur, pour une écrevisse, il pourrait suffire de vider l'abdomen ; mais pour un homard ou une langouste, l'opération doit être menée plus loin.

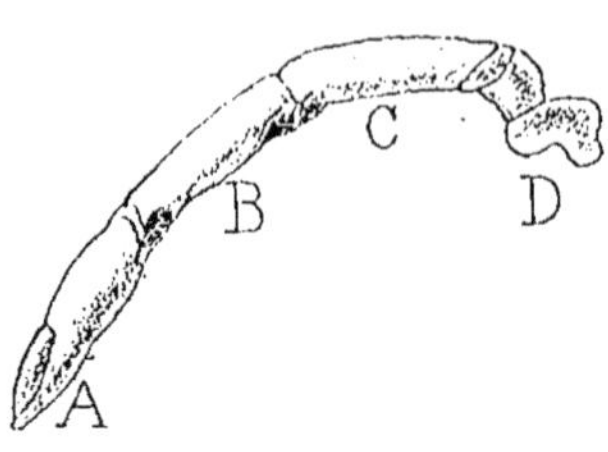

FIG. 85.
Patte de crustacé.

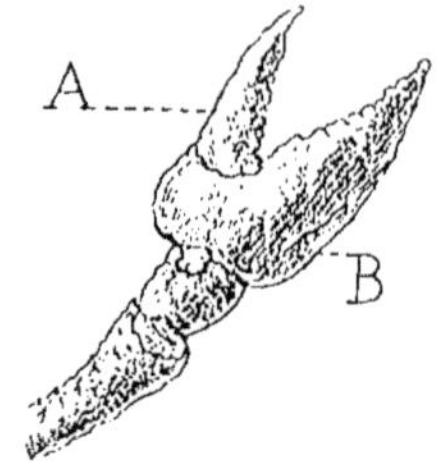

FIG. 86.
Pince de crustacé.

Il faut nettoyer également toute la masse du corps, c'est-à-dire le céphalothorax, qui est formé de la tête et du thorax soudés. Pour ce faire on soulève la partie dorsale de la caparace A (*fig.* 84) et de deux coups de ciseaux on la sépare de l'armature de la poitrine qui soutient les pattes B, et on l'en sépare près de la bouche, en C, en ayant soin de ne pas perdre et de ne pas dissocier les mâchoires. On nettoie bien l'intérieur de la caparace en la grattant avec la lame d'un canif, puis avec des pinces brucelles ordinaires on arrache toute la chair, les branchies, toutes les parties molles de la région B. Celle-ci, pour être bien préparée, doit, pendant quelques jours encore, macérer dans l'eau. Si la bête est de grande taille, il faut aussi retirer la chair des pattes, et c'est un travail assez délicat. Sans les détacher du corps, on peut se contenter de démonter l'onglet terminal A (*fig.* 85) ; par l'ouverture ainsi ménagée on fait passer un fil de fer finement

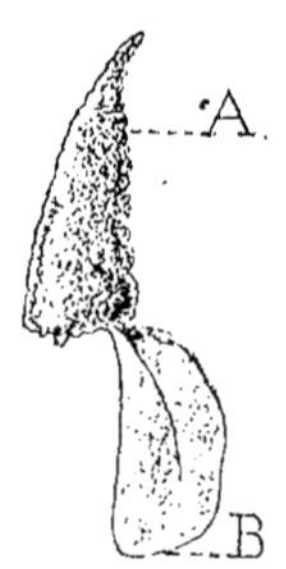

FIG. 87.

Structure de la partie mobile d'une pince de homard.

replié en crochet à son extrémité. On le pousse aussi loin que possible, puis on le tire en ramenant la chair que l'on sort ainsi peu à peu. Les grosses pinces des homards et des crabes doivent être également vidées. On détachera la partie mobile de la pince A (*fig.* 86) en ayant soin de ne pas détruire la lame membraneuse qui viendra avec elle B (*fig.* 87); puis avec le crochet on retire toute la chair, tant de la patte que de la grosse pince : quand toutes les parties molles sont retirées, on remet les parties désarticulées en place. Mais avant de procéder à cette opération il faut enduire, intérieurement, toute la bête d'une solution de savon arsenical très liquide. Le savon arsenical employé est le même que celui dont nous avons parlé pour l'empaillage des oiseaux. Mais il faut l'employer beaucoup plus liquide, dissous dans un fort volume d'eau. On barbouille tout l'intérieur de la carapace, du ventre, avec un pinceau, et on en fait couler doucement une petite quantité dans les pattes. Si l'on n'a pas avec soi de savon arsenical, on peut employer du savon ordinaire dissous dans de l'eau tiède ou mis en mousse épaisse avec un blaireau; on y ajoute beaucoup de camphre en poudre, ou de la naphtaline pulvérisée ou, ce qui est préférable encore, de la poudre à punaises ordinaire; car la poudre insecticide de Vicat est un des meilleurs préservatifs contre les insectes parasites.

Montage.

Le crustacé ainsi empoisonné, on remonte toutes ses parties en les remettant bien en place avec de la colle forte liquide; c'est là que les lamelles membraneuses restées attachées aux articles terminaux des pattes sont utiles, car elles aident à la consolidation. Mais on peut mettre des petits morceaux de bois, des allumettes, en les enduisant de colle. Un morceau de bois est entré à frottement dur dans le ventre et son extrémité dépassante pénétrera dans la carapace, que l'on a eu soin de relier avec des fils à la partie pectorale, pour que tout reste en place pendant que la bête séchera. On la dispose sur une planchette de bois blanc ou sur une plaque de liège, le ventre en l'air, et avec de grosses épingles, autant que possible d'acier à tête d'émail — tous les merciers en vendent — on cale toutes les parties en leur donnant l'attitude qu'elles devront garder. On laissera sécher la bête doucement dans un endroit abrité, dans une armoire, et toujours à l'ombre; car les crustacés mis au soleil ne tardent pas à rougir plus ou moins complètement et ensuite on ne peut plus les ramener à leur couleur naturelle. Pour les langoustes (*fig.* 88), il faut avoir soin de bien étaler les lames de la queue après avoir mis dessous un morceau de papier suiffé ou huilé pour qu'elles ne se collent pas à la planche.

On les maintient en place avec des épingles; on étend dessus une bande de papier suiffé, puis une lame de carton, une carte de visite par exemple, que l'on fixe avec des épingles, de manière à ce que ces parties plates et flexibles · ne gauchissent pas en séchant.

Pour les crabes, la préparation est naturellement la même; on aura soin de laisser leur court abdomen, qu'ils portent replié sous la poitrine, attaché à la carapace. Et quand on aura préparé l'animal et remis les parties en place, on le ramènera à sa première position.

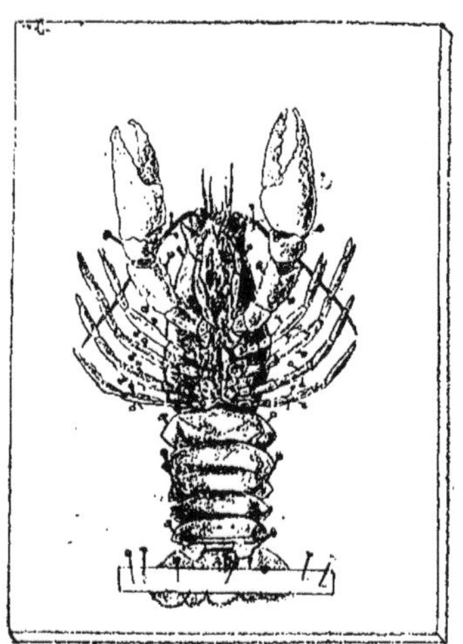

FIG. 88.
Montage d'une écrevisse.

Quand le crustacé est bien sec, on retire les épingles, les ficelles, les bandes de papier et de carton, on l'époussette soigneusement avec un blaireau ou tout autre pinceau mou, et on passe dessus une couche de vernis à l'alcool, le meilleur à employer étant celui qu'on nomme dans le commerce *vernis sculpture*. On peut aussi se servir de vernis à photographie.

Les crustacés ainsi préparés peuvent se conserver dans des boîtes, mais il vaut mieux les monter sur une planchette de bois blanc, que l'on peint avec du blanc à la colle. Pour les fixer, on peut employer des liens de fils de cuivre; mais je recommanderai plutôt d'enfoncer, avant le montage, deux vis A, A, dans le socle

B (*fig.* 89 et 90), vis qui dépasseront de plusieurs centimètres sa face blanchie. On fait avec un poinçon, et mieux avec une alène de sellier, deux trous A′, A′ dans le ventre et la poitrine du crustacé, aux endroits exacts où devront entrer les deux vis; on enduit celles-ci de colle forte et on applique alors le crustacé sur le socle en faisant pénétrer les vis dans les deux ouvertures. Il serait encore préférable de remplacer ces vis par deux chevilles de bois, qui prendront mieux la colle et pourront entrer à frottement dans le corps du crustacé. Ces deux chevilles de bois seront naturellement espacées sur le socle, suivant la longueur de la bête à monter.

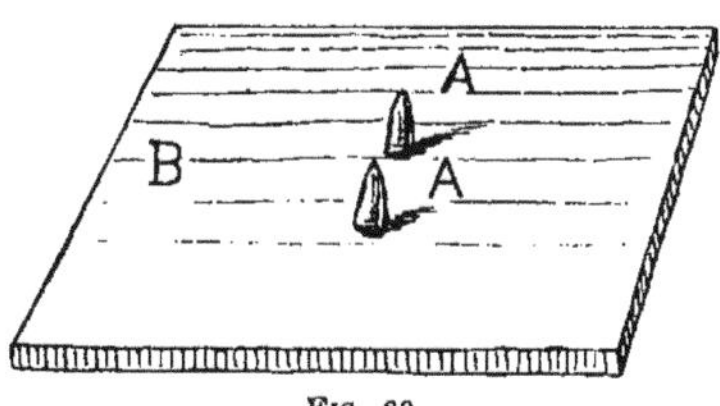

Fig. 89.

Montage d'un crabe; la planchette destinée à le recevoir.

Si un crustacé préparé venait, par la suite, à être attaqué par les insectes parasites, il faudrait le démonter de dessus son socle, ou, sans le démonter, le mettre dans une grande boîte avec une éponge ou un linge enduits de benzine légèrement phéniquée, mais de manière à ce qu'il n'y ait pas contact, et l'y laisser plusieurs jours. Mais c'est un accident qui arrive rarement.

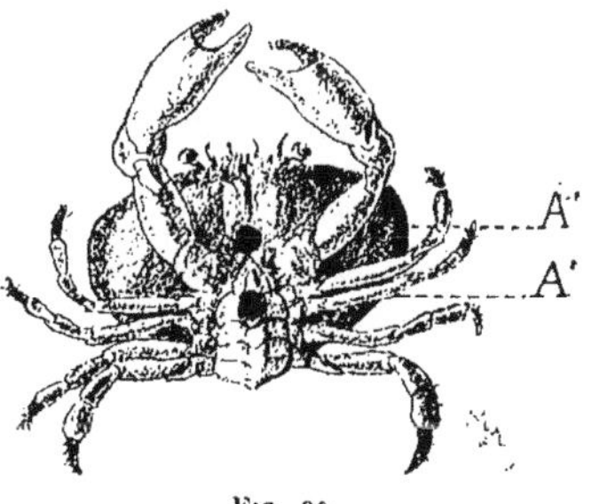

Fig. 90.

Préparation du crabe pour le montage.

Recollage des parties brisées.

Les pattes, les antennes brisées se réparent avec de la colle forte à chaud ou à froid. Mais la meilleure colle se fabrique avec une solution de gomme arabique bien passée dans un linge, et amenée à consistance de sirop. Après quoi on ajoute environ un cinquième de sucre blanc pour donner du liant, et quelques gouttes d'acide phénique. La strychnine vaudrait encore mieux. On prend ensuite de l'amidon que l'on pile jusqu'à le réduire en poudre fine rendue impalpable en l'écrasant encore, en roulant longuement dessus une bouteille parfaitement cylindrique. Et l'on mélange doucement cette poudre, en la mettant par pincées dans la solution gommeuse et en ajoutant sans cesse de nouvelle poudre; on agite avec une baguette de verre ou quelque autre instrument. Quand le mélange a la consistance de la crème, il est bon à employer. La poudre de talc, celle d'albâtre donnent aussi d'excellents résultats. Mais nous recommandons de ne pas préparer à la fois une trop grande quantité de cette colle, parce qu'elle s'altère rapidement; il faut la garder très bien bouchée et agiter de temps à autre le flacon pour empêcher les dépôts, car la matière travaille sans cesse.

Quand on veut recoller une patte ou une antenne brisée, on doit tout d'abord tailler avec un canif une brochette de bois blanc poussée à frottement dans la partie à remonter, et dépassant d'une longueur suffisante pour rentrer dans la partie de l'appendice qui tient encore au corps du crustacé. On enduit la brochette de colle, et on remonte la patte ou l'antenne qui, ainsi recollée, tiendra toujours solidement.

LA CHASSE DES INSECTES

(GÉNÉRALITÉS).

La chasse et l'étude des insectes comptent parmi les branches les plus attrayantes de l'histoire naturelle, et sont certainement, — pour les amateurs, — celles qui leur apporteront les plus faciles plaisirs et les satisfactions les moins coûteuses.

L'outillage pour chasser et collectionner les insectes est peu compliqué, et, avec quelque adresse manuelle, chacun peut arriver à se monter, soi-même, instruments et boîtes. Pour le reste, l'habileté viendra s'appuyer sur l'expérience, et on sera, tout étonné des résultats obtenus au bout de quelques années de pratique dans une besogne d'amateur qui mènera à l'amour de la science et à cette admiration de la nature sans cesse grandissante à mesure qu'on s'enfonce dans l'observation.

Les insectes sont, de tous les animaux, ceux que l'on rencontre le plus couramment et en plus grand nombre. Leur conservation est facile; les collections qu'on en forme, disposées avec goût dans des boîtes, sont un spectacle agréable à regarder, même pour un indifférent. Plus heureux que le chasseur, obligé de s'en remettre, la plupart du temps, au flair de ses chiens, l'amateur d'insectes ne doit ses trouvailles qu'à son seul mérite, et, pour lui, jamais la chasse n'est fermée. Hiver comme été, s'il lui plaît de se livrer à la recherche des bestioles, il est toujours sûr d'en rencontrer d'intéressantes. Par le froid même, les interstices que laissent entre elles les écorces, les fissures des troncs, les fagots secs, la terre au pied des arbres, et sous les grosses pierres, la mousse des forêts, sont autant de retraites où hivernent les coléoptères, où dorment les chrysalides, où s'enfouissent les chenilles, où se blottissent les mères guêpes. Au plus pâle rayon de soleil, les talus exposés au midi servent de promenoir à maints insectes. Et même, si la saison trop inclémente ne permet pas à l'amateur de s'en aller en chasse, il peut consacrer ses loisirs à préparer, à ranger, à classer ses séries d'espèces.

Aussi croyons-nous bon de recommander aux amateurs de ne pas se spécialiser dans un ordre déterminé d'insectes, avant d'avoir pris de toute la classe une idée bien générale et complète.

Commencez par ramasser tous les insectes que vous rencontrerez; petit à petit, vous vous habituerez à les différencier, et vous arrêterez votre choix à un ordre ou à une famille. Mais n'oubliez pas que les connaissances pratiques sont la seule assise solide de l'histoire naturelle, et que leur absence ne saurait être suppléée en rien par la science des livres.

Il ne faut pas se figurer non plus que l'on deviendra, en quelques jours, un chasseur accompli, et que le hasard plus ou moins heureux fera toujours rencontrer des insectes remarquables. C'est en observant les mœurs des insectes, en consultant les entomologistes expérimentés, que l'on finit par être au

Fig. 91.

Emploi du parapluie à manche brisé pour la récolte des insectes.

courant de leurs ruses et de leurs retraites. Vingt fois vous avez passé devant un buisson sans y rien voir, là où un chasseur habile aurait trouvé des richesses.

Nous ne pouvons donner ici tous les renseignements pour capturer à coup sûr chaque espèce d'insectes, au moins nous efforcerons-nous d'indiquer nettement les diverses sortes de chasses, et la nature des instruments nécessaires pour s'y livrer.

Outillage.

Avant tout, il faut se fabriquer une bonne gibecière en forte toile, dans laquelle on puisse emporter tout son petit matériel, et, au besoin, quelques provisions si l'on fait une longue excursion. Il est

facile de se construire un sac à plusieurs compartiments, intérieurement soutenus par du carton piqué entre des doubles de
toile, et séparés par de larges soufflets. Nous recommandons
de suspendre ce sac par une large sangle de toile, passée en bandoulière, qui fatiguera moins l'épaule qu'une étroite courroie
en cuir.

Puis il faut être muni d'un parapluie ou grosse
ombrelle de toile à baleines recouvertes par la dou-
blure. Ce parapluie à manche brisé est d'une utilité
absolue pour recueillir les insectes que l'on fait tomber en battant les arbustes, les buissons, les touffes
de plantes, les fagots, avec une canne (*fig*. 91).

C'est, d'avril en septembre, la chasse la plus utile
et celle qui rend le plus; faute d'y avoir recours, on
se privera des trois quarts des espèces qui habitent
la contrée que l'on explore.

La canne avec laquelle on bat les buissons doit
être munie d'un bout ferré, solide, pointu, qui puisse
au besoin servir à déchausser des pierres, à soulever des écorces d'arbre. Mais pour détacher ces dernières, il faut employer l'*écorçoir*, cette espèce de
houlette courte dont nous avons parlé lors des her-
borisations. La canne peut servir de fût au troubleau
et au filet-fauchoir, et à vrai dire ces deux ustensiles
peuvent être ramenés à un seul. Nous avons parlé
du troubleau lors de la recherche des batraciens;
le filet-fauchoir en est une modification avec simple
poche en forte toile (*fig*. 92). Ce grossier filet à

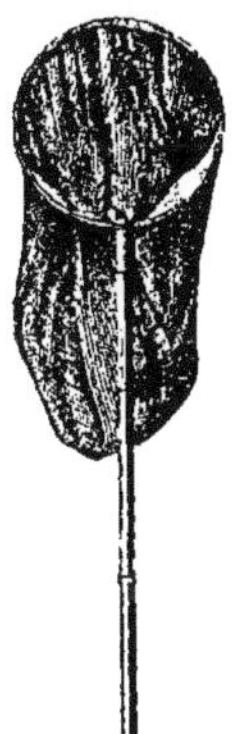

Fig. 92.

Filet-fauchoir
pour la récolte
des insectes.

papillons doit se promener sur les prairies et endroits herbeux,
pour récolter les insectes installés sur les plantes où l'œil ne les
saurait distinguer. On le tient à deux mains et on le fait aller
comme une faux, en tenant son ouverture presque horizontale, de
manière à ce que les insectes qui tombent dans la poche ne puissent en sortir.

Au bout de deux ou trois minutes de cet exercice, on regarde
dans le filet et l'on est étonné, au début, du nombre d'insectes
qu'il renferme. Pour les prendre, le vrai moyen est alors d'étaler
à terre une nappe de forte toile, d'environ 1 mètre carré, que l'on

porte roulée dans la gibecière, et on déverse sur cette nappe tout ou partie du contenu du filet-fauchoir. Ce qu'il y a de meilleur est d'avoir une nappe à surface pelucheuse comme celle d'une serviette-éponge, parce que les insectes ne peuvent courir rapidement à sa surface et s'arrêtent dans les villosités du tissu.

Il faut porter dans son sac un ou deux flacons à goulot assez large et à bouchon autant que possible très long, de manière à ce que ce bouchon soit facile à retirer et sans courir le risque de se perdre. C'est une bonne précaution de le fixer à une ficelle un peu lâche passée au goulot du flacon. Ces flacons doivent être en verre épais et avoir une ouverture de goulot d'environ 4 cm. de diamètre, de telle sorte que les plus gros insectes y puissent entrer facilement. Le modèle le plus commode que nous ayons trouvé est la bouteille de biberon à fond plat. Souvent on fait passer au travers du bouchon un tube de verre ouvert aux deux bouts, dont l'extrémité supérieure porte un bouchon (*fig.* 93). C'est par là qu'on fait

Fig. 93.

Flacon pour la récolte des insectes.

entrer les petits insectes pour éviter d'ouvrir la grande bouche du flacon, et de laisser ainsi s'évaporer trop rapidement la benzine, dont les vapeurs tuent les insectes. Mais nous trouvons cette complication bien inutile : il est plus simple, pour les petits insectes, de se munir de petites bouteilles ou de tubes bouchés à un bout. Certains amateurs emploient des boîtes en fer-blanc qui présentent l'avantage de ne pas se casser; voici un modèle classique et qui est très pratique (*fig.* 94). Pour le flacon à cyanure, voir page 125.

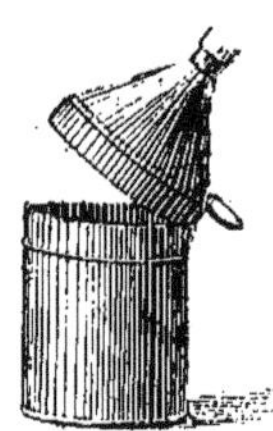

Fig. 94.

Boîte en fer-blanc pour la récolte des insectes.

Les bouteilles, quelle que soit leur taille, doivent être remplies à moitié de sciure de bois blanc préalablement tamisée pour la débarrasser de la poussière trop fine qu'elle contient et qui abîme les insectes. Sur cette sciure, on verse quelques gouttes de benzine, autant que possible non rectifiée, qui est le meilleur poison pour les insectes.

Le chloroforme est d'un emploi assez délicat et il rend les insectes cassants; l'acide phénique attaque certaines couleurs. On doit avoir dans sa gibecière un flacon de benzine, afin de pouvoir en remettre dans la bouteille de chasse au fur et à mesure de l'évaporation.

Quant aux pinces, on peut se servir de brucelles comme celles dont se servent les compositeurs d'imprimerie, de modèles plus fins dont usent les horlogers, de formes plates comme celles que nous décrivons plus loin à propos de la préparation des papillons. Mais, à l'exception des guêpes, abeilles et autres insectes hyménoptères porte-aiguillons et de certains arachnides venimeux, les articulés peuvent se prendre avec la main. Les petits insectes se prennent facilement en appliquant doucement sur leur dos le doigt légèrement humecté ou un pinceau mouillé. On a inventé, il y a peu de temps, un ingénieux appareil que chacun peut se fabriquer sans frais : c'est *l'aspirateur*, qui sert à capturer de minuscules animaux (*fig.* 95).

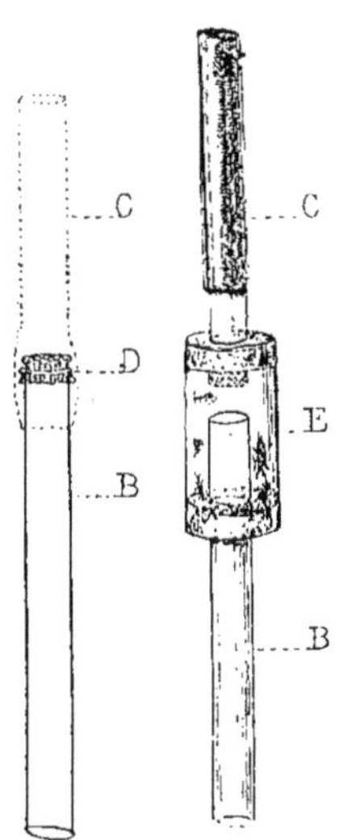

Fig. 95.   Fig. 96.

L'aspirateur Argod servant à capturer les insectes minuscules; le même avec un réservoir (E) où s'emprisonnent les insectes.

Il se compose d'un tube de verre de la grosseur d'un crayon mince, ouvert à ses deux extrémités. A l'une est lié un morceau de gaze fine formant diaphragme. Cette extrémité ainsi habillée est poussée dans un court tuyau en caoutchouc de diamètre un peu supérieur. L'appareil ainsi monté, on met le caoutchouc dans sa bouche, on dirige sur le petit insecte à capturer l'extrémité libre A du tube de verre, et l'on aspire vivement. L'insecte est entraîné dans le tube, mais le diaphragme de gaze D l'arrête; on met ensuite le tube en verre dans la bouteille de chasse et on souffle, ce qui fait tomber l'insecte dans la sciure. Dans une modification plus ingénieuse encore, les insectes se trouvent emprisonnés dans un réservoir E (*fig.* 96), que l'on vide au fur et à mesure.

Nous recommanderons à tout chasseur d'insectes, s'il est fumeur, de ne pas négliger d'employer la fumée de tabac comme auxiliaire : il n'en est pas de plus puissant pour faire sortir les insectes de leurs retraites. Pour enfumer un trou d'arbre, une fissure de mur, une tige creuse, il suffit d'un simple tuyau en jonc ou en bois — le plus simple tuyau de pipe fait l'affaire. On aspire une forte bouffée de la cigarette, du cigare ou de la pipe, et on porte ensuite le chalumeau à ses lèvres en dirigeant son extrémité dans le trou où l'on veut envoyer la fumée. On recommence l'opération plusieurs fois,

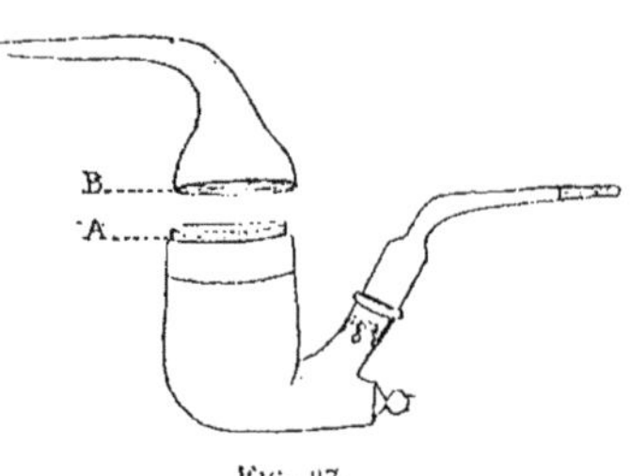

Fig. 97.

Manière de tranformer une pipe en enfumoir
pour insectes.

et très souvent l'on voit sortir des insectes, en plus ou moins grand nombre, que l'on n'aurait jamais pu se procurer autrement.

La pipe peut s'aménager très bien pour faire un enfumoir complet, surtout si elle est en bois. On fait ajuster dessus une couronne de cuivre filetée A (*fig.* 97 et 98), sur laquelle vient se visser un chapiteau de cuivre terminé par un chalumeau (B). La pipe une fois allumée, si l'on trouve un endroit à enfumer, se coiffe rapidement de son chapiteau et on n'a plus qu'à souffler dans cet instrument pour envoyer un nuage de fumée dans les trous.

Fig. 98.

La même, la transformation opérée.

Il faut encore ajouter à l'attirail du chasseur d'insectes une petite boîte à fond garni de liège ou de moelle de sureau, avec quelques épingles pour piquer certains insectes velus ou pulvérulents qui s'abîmeraient dans les flacons. Quelques petites boîtes vides, en bois ou en carton, sont très utiles pour mettre les animaux qu'on voudrait rapporter vivants, des larves, des nymphes trouvées dans la terre ou le terreau des arbres et qu'on peut espérer voir éclore.

N'oublions pas, enfin, un petit flacon d'acide phénique pour se cautériser si l'on était piqué par une guêpe ou, au grand hasard, mordu par une vipère.

Généralités systématiques.

Il y a, d'une façon très générale, deux catégories d'insectes, ceux qui volent continuellement, comme les papillons, les mouches, les libellules ou demoiselles, et ceux qui mènent une existence plus terrestre, tout en volant très souvent à l'occasion. Suivant ces deux catégories, les insectes se préparent à peu près de la même manière. Ceux qui ont des ailes très apparentes se chassent et se préparent comme les papillons; ce sont ceux aussi dont la préparation est la plus longue, la plus minutieuse et la plus délicate. Nous commencerons par ceux-ci, non sans rappeler que la classe des insectes se divise en huit ordres, qui sont :

1. Orthoptères .   Sauterelle, Grillon, Blatte, Libellule.
2. Névroptères .   Phrygane, Fourmi-lion.
3. Strepsiptères.   Stylops, Xénos.
4. Hémiptères . .   Cigale, Puceron, Punaise.
5. Diptères . . .   Mouche, Cousin, Puce.
6. Lépidoptères .   Papillons.
7. Coléoptères. .   Cerf-volant, Hanneton, Capricorne, Coccinelle.
8. Hyménoptères.   Abeille, Guêpe, Fourmi, Cynips.

VII. — LA CHASSE AUX PAPILLONS.

Outillage.

Avant toutes choses, recommandons au collectionneur qui va entrer en chasse de ne pas s'embarrasser de tout un fourniment inutile et encombrant.

Le chasseur de papillons doit être légèrement équipé, libre en ses mouvements; le meilleur bagage est pour lui le plus léger; ses armes sont peu nombreuses, peu lourdes, peu dispendieuses.

D'abord le filet à papillons, puis la pelote garnie de ses longues épingles, ensuite une boîte légère portée en bandoulière, et voilà l'attirail complet. Joignez à cela un flacon pour la récolte des petits papillons, un fort couteau ou écorçoir pour soulever incidemment les écorces et y découvrir des chrysalides, cet écorçoir étant le même que celui employé pour la recherche des plantes.

Le filet à papillon est un engin qui doit réunir deux qualités indispensables : légèreté et solidité; tout vice contraire est rédhibitoire. Il se compose, en sa grande simplicité, d'une poche en tulle ou en gaze tenue ouverte par un cercle de fort fil de fer ou d'acier, fixé à l'extrémité d'une longue canne. Les meilleures dimensions, encore qu'elles n'aient en soi rien de rigoureux, nous paraissent 30 cm. de diamètre pour le cercle, $1^m,60$ de longueur de canne; cette dernière gagne à être formée d'un bambou creux.

Le cercle peut posséder une ou plusieurs brisures, ce qui permet de le plier et de le mettre en poche dans l'intérieur de la ville.

Ce cercle se visse à la douille de cuivre surmontant la canne au moyen d'un écrou. La poche se fait d'ordinaire en gaze, d'aucuns la fabriquent en tulle; pour nous, nous préconisons le tulle grec, plus solide et s'altérant moins à la pluie. Une profondeur de 60 cm. est d'une bonne moyenne. Un conseil : ne pas terminer la poche en pointe, mais bien en cul-de-sac rond; le papillon frottera moins ses ailes délicates contre l'étoffe. Un papillon frotté est vite gâté. La poche se monte sur un large ruban de fil solide plié en double dans lequel passe le fil de fer du cercle.

Mais sans recourir à ces filets perfectionnés, que les marchands vendent toujours cher, il est facile de s'en fabriquer un avec une canne à pêche, et un fort fil d'acier auquel on forme une douille en habillant le haut du manche en bambou de fil de fer fin et serré, ou de gros fil ciré que l'on arrête de la manière bien connue des fumeurs qui garnissent l'embouchure d'une pipe en terre.

Fig. 99.
Pelote garnie
d'épingles.

Décrire la pelote nous paraît superflu ; il y en a de toutes sortes ; le mieux est de s'en construire avec deux disques de carton entre lesquels se trouve inclus du son, reliés entre eux par un ruban dans lequel on enfonce les épingles (*fig.* 99). Le chasseur trouvera avantage à porter cette pelote pendue à sa boutonnière, de manière à avoir toujours sous la main l'épingle nécessaire pour piquer sa capture.

Les épingles sont d'une taille, d'une longueur, d'une fabrication spéciales, et en laiton étamé. Les numéros 3, 4, 5, 6 et 7 du commerce sont les plus usités et la longueur préférable nous paraît être 36 mm. Certaines épingles sont passées au vernis noir, ce qui leur donne l'avantage de ne pas s'oxyder, qualité précieuse pour les papillons à chenilles xylophages. Les épingles ordinaires traversant ces papillons ne tardent pas à se couvrir au niveau du corps de l'insecte, de houppes de vert-de-gris faisant, surtout en dessus, sur le corselet des *cossus* ou des *sésies*, l'effet le plus déplorable, et d'autant plus désastreux que l'épingle finit par se briser.

On ne peut guère se passer, pour ces épingles, des marchands naturalistes, car on ne les vend pas couramment dans le commerce et les épingles des merciers sont trop grosses et trop courtes. Mais à la rigueur on pourrait toujours employer provisoirement ces dernières si l'on se trouvait à la campagne ou dans quelque petite ville éloignée des centres. Plus tard, on pourra repréparer ses collections. En tout cas, il faut toujours éviter d'employer les épingles d'acier, qui se rouillent dans le corps de l'insecte et ne tardent pas à se briser.

La boîte de chasse, que l'entomologiste porte en bandoulière, est destinée à renfermer les papillons piqués, voire même des chrysalides et des chenilles vivantes ; aussi doit-elle être divisée en quelques compartiments. Les meilleures boîtes sont en bois ; celles de fer-blanc doivent être proscrites : pour quelques avantages qu'on en retire, on en a mille inconvénients. Et le plus petit n'est certes pas celui de voir, par les fortes chaleurs, les insectes inclus cuire littéralement dans cette petite chaudière et devenir cassants.

Une bonne boîte de chasse (*fig.* 100) doit avoir 35 cm. environ de long sur 18 de large et 8 de profondeur. Divisée en trois compartiments inégaux, elle permet de rapporter les cadavres des papillons empalés, les chenilles vivantes avec un peu de nourriture, et des chrysalides soi-

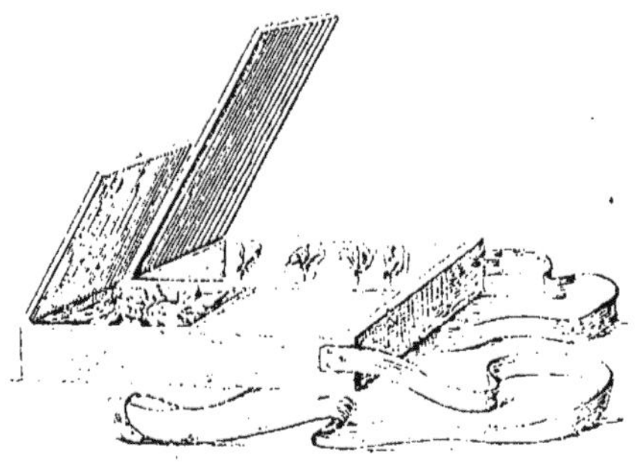

Fig. 100.
Boîte de chasse de l'entomologiste.

gneusement calées avec de la mousse. Le plus grand compartiment aura son fond garni d'une épaisse feuille de liège, ou mieux de moelle *d'agave*, matière que l'on trouve maintenant chez tous les marchands naturalistes. Cette substance est plus molle que le liège, et les épingles fines s'y enfoncent aisément, sans que la main soit obligée de faire effort.

Si l'on n'avait pas de liège, pas d'agave, on trouvera toujours des bouchons. C'est alors affaire de patience ; on débite chaque bouchon en disques de 1 cm. d'épaisseur, puis on équarrit chacun de ces disques en parfait carré. Quand on a fabriqué un nombre suffisant de carrés, on les assemble comme les carreaux d'un dallage au fond de sa boîte où on les fixe avec de la colle forte. Quelques heures après, on colle par-dessus — cette fois avec de la colle de pâte — un fond de papier blanc bien propre, et pas trop épais, pour que les épingles le percent facilement. Des baguettes de moelle de sureau remplacent très avantageusement le liège. Dans ce compartiment on piquera les papillons au fur et à mesure de leur capture. Les deux autres compartiments pourront se subdiviser en quelques petites loges, afin de pouvoir interner séparément certaines chenilles, pensionnaires dangereuses par leurs mœurs carnassières. L'habitude apprendra vite à reconnaître ces carnivores, dont nous parlerons lors de l'éducation des chenilles.

FIG. 101.

Pinces fabriquées au moyen d'un ressort d'acier.

Avec un peu d'adresse on pourra aisément se construire une boîte de chasse solide et légère, en employant comme matériaux des boîtes à cigares vides que les débitants cèdent presque pour rien. Mais il faut bien assembler toutes ses pièces avec de fins clous de fer ou de cuivre et ne jamais recourir à la colle forte. Ce dernier procédé amènerait des catastrophes en cas de pluie.

Dans un des compartiments de la boîte de chasse on met quelques petits instruments dont nous parlerons par la suite et aussi quelques petites boîtes vides, boîtes à allumettes, à pilules, dont on comprendra bientôt l'utilité. Une paire de pinces légères est indispensable. On peut facilement en faire fabriquer, à très bas prix, par un forgeron, un horloger, un taillandier. Un vieux ressort d'acier (*fig.* 101)

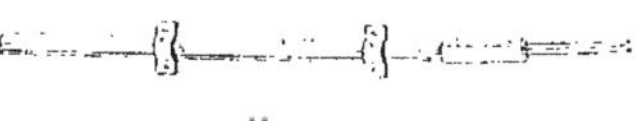

FIG. 102.

Piquoir fait de trois aiguilles emmanchées.

— dans le genre des anciens ressorts de crinoline — large de 6 à 7 mm., long de 25 cm., est préalablement détrempé, puis replié en deux sur lui-même; on perce des trous près du repli, on y fixe des petits rivets après avoir arrondi le pli pour pouvoir y passer une ficelle qui servira à porter la pince pendue à la boutonnière. Les extrémités de la pince seront doucement arrondies à la lime; puis on trempera l'instrument et on le recuira au bleu sombre. Cette pince, très légère et d'un excellent usage, servira à prendre certaines chenilles dont les poils urticants piquent douloureusement les doigts; elle peut aussi

servir à saisir certaines petites noctuelles blotties dans les anfractuosités des écorces. Mais le meilleur moyen pour prendre ces
papillons nocturnes, qui se tiennent cois, fixés contre les arbres
ou les murs, est assurément le piquoir. C'est un petit instrument
(*fig.* 102) composé de trois aiguilles emmanchées à un petit manche du volume d'un crayon ; une seule aiguille pourrait glisser
sur le corselet rond et écailleux de beau-
coup d'espèces ; les trois aiguilles manquent
rarement leur coup. Il est encore plus commode de recouvrir rapidement le bombycien
ou la noctuelle avec le flacon à cyanure au
fond duquel la bestiole ne tarde pas à se
laisser tomber, étourdie ; lorsqu'elle est
asphyxiée, ce qui demande peu de temps,
elle est retirée et piquée dans la boîte.

La fabrication de ce piquoir n'est pas plus
difficile que celle des aiguilles emmanchées
dont nous avons parlé pour la préparation
des plantes. Il faut encore prendre des
aiguilles très fines, car sans cela on ferait
dans le corselet du papillon de gros trous
qui produiraient un vilain effet.

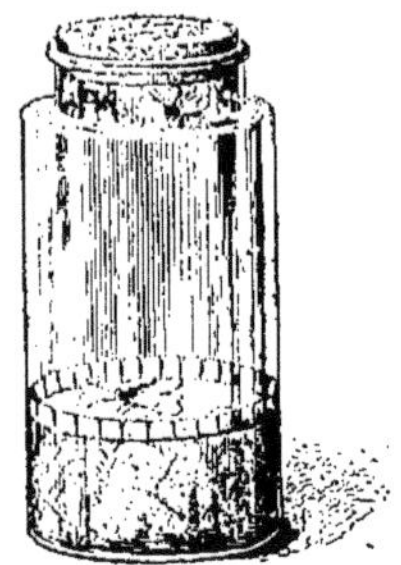

Fig. 103.

Disposition du flacon
à cyanure pour la récolte
des petits papillons.

Le flacon destiné à récolter tous les petits papillons (*microlépidoptères*) aux couleurs brillantes et aux mouvements rapides
mérite de nous arrêter quelques instants ; c'est un engin commode
et important, qui demande à être construit avec soin, d'autant
qu'il est d'un excellent usage pour la chasse de tous les insectes.

On se procurera un flacon en verre blanc, à large goulot, de
dimensions moyennes, pouvant tenir aisément dans la poche
(*fig.* 103). On dispose au fond un morceau de cyanure de potassium
gros comme une noix. Ce sel demande à être manié avec précaution, car c'est un violent poison, et son contact avec une écorchure
aux doigts suffit pour amener de graves accidents ; aussi doit-on
le manier avec des pinces. Préalablement enveloppé d'amadou et
roulé dans de la ouate, ce morceau de cyanure est déposé au fond
du flacon. On découpe ensuite un disque de papier de la dimension
intérieure du bocal, on en relève les bords dentelés à coups de
ciseaux et enduits de gomme ; puis on l'introduit dans le bocal et

avec une pince on dispose ce diaphragme et on le colle aux parois. Lorsque la colle est sèche, on peut fermer le goulot avec un bouchon de liège; on a ainsi isolé le cyanure au fond du flacon; le plancher de papier percé de nombreux trous d'épingles laissera passer les vapeurs d'acide prussique qui foudroieront sans les endommager les papillons prisonniers.

Il est un dispositif plus simple qui consiste à dissoudre le cyanure de potassium dans de l'eau avec laquelle on gâche du plâtre. On laisse ce plâtre durcir en séchant au fond d'un bocal : cet engin présente ainsi tous les avantages du précédent, sans avoir besoin d'être renouvelé souvent comme le demande le diaphragme de papier. (V. *fig.* 161, p. 189.)

Fig. 104.

Manière
de saisir le papillon.

Ces quelques préliminaires établis, entrons en chasse.

Chasse.

Lorsque l'on voit un papillon posé, la première condition est de s'en approcher doucement, le filet prêt et néanmoins tenu de manière à ce que l'insecte ne puisse apercevoir son ombre. Si le papillon est posé sur une plante, le long d'un tronc d'arbre, d'une barrière, etc., il faut le prendre d'un rapide coup de filet en remontant, et se hâter de retourner brusquement le filet par un mouvement sec du poignet, pour que la poche se ferme. Si l'insecte est posé à terre, on le couvre avec le filet, puis on lève le fond de la poche de manière à ce qu'il y monte. De toutes façons, quand le papillon est capturé, il faut le cerner dans le fond du filet vivement et néanmoins avec précaution. Puis on le saisit par les côtés du *corselet*, et on le presse délicatement entre le pouce et l'index d'une façon modérée (*fig.* 104). On laisse ensuite tomber la victime immobilisée dans la main gauche, et on la pique sur le dos avec une épingle proportionnée à sa taille, de sorte que la pointe ressorte en dessous entre les deux dernières paires de pattes, perpendiculairement à l'axe longitudinal du corps (*fig.* 105).

Le but que l'on se propose, en comprimant les côtés du corps du papillon, est de l'immobiliser en froissant les muscles moteurs des ailes, de telle sorte qu'il ne puisse, en se débattant, ni les déchirer ni les défraîchir.

Le papillon est ainsi piqué sur le fond liégé de la boîte que le chasseur habile ne tarde pas à remplir de ses captures : il arrive souvent que, manquant de placè, il se voit obligé de piquer plusieurs papillons à la même épingle (*fig*. 106). Il faut avoir soin, dans ce dernier cas, de bien immobiliser les papillons par une pression exercée à propos, et de les embrocher par les côtés du corselet.

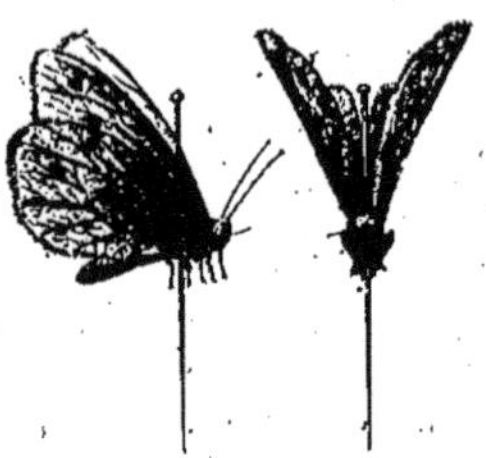

Fig. 105.

Piquage des papillons.

Les papillons de nuit se rencontrent fréquemment posés le long des surfaces verticales, murs, troncs d'arbres, sur lesquelles on aurait quelque peine à les prendre avec le filet. C'est alors qu'il convient d'employer le piquoir dont nous avons parlé. On saisit ensuite le papillon par les côtés du corps, on le dégage du piquoir et on le pique avec une épingle.

Certains amateurs, et des plus autorisés, conseillent pour récolter ces délicates créatures de les inclure encore vivantes dans de petites boîtes à pilules, un papillon seul dans chacune. Les microlépidoptères restent immobiles dans la boîte sans se frotter ni se défraîchir, et l'on peut, rendu à domicile, les tuer facilement pour les préparer immédiatement après. Mais on ne peut employer ce procédé que lorsque la bête est posée sur une surface plane, comme une vitre, un mur.

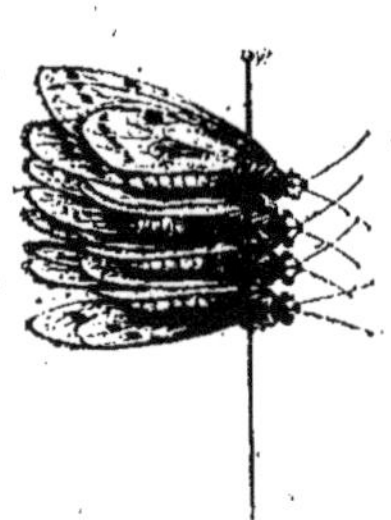

Fig. 106.

Disposition de papillons embrochés sur la même épingle.

Ces brillants petits papillons, teignes, tordeuses, connus sous le nom de microlépidoptères, doivent être pris encore avec de plus grands soins, car un rien suffit pour détériorer ces admirables et fragiles petits êtres : à peine sont-ils morts dans le flacon qu'on doit les mettre dans une petite boîte à pilules (*fig.* 107), garnie de fine ouate, dans laquelle ils attendront leur préparation.

On peut aussi les mettre vivants dans la boîte à pilules, où ils demeurent immobiles sans se détériorer. Mais dans ce cas il faut avoir beaucoup de boîtes très petites qui ne doivent chacune contenir qu'un papillon. Sans quoi, en les ouvrant on verrait souvent l'insecte s'envoler. Revenu chez soi, on tue facilement les délicates bestioles, soit en les faisant tomber dans le flacon à cyanure, soit — si l'on craint l'emploi de ce poison violent — en

Fig. 107.

Petite boîte pour les microlépidoptères.

disposant dans une boîte en carton un morceau d'éponge ou de coton imbibé de benzine; puis l'on met dans cette boîte toutes les petites, préalablement entr'ouvertes, de telle sorte que les microlépidoptères sont rapidement asphyxiés.

Revenu de son excursion, l'amateur de papillons fera bien, s'il a le temps, de ne pas remettre au lendemain la préparation de ses captures. Il faut étaler les papillons quand ils sont encore frais et tuer ceux qui, encore vivants, ne tarderaient pas à se détériorer en s'agitant dans la boîte. Nous proscrivons les procédés barbares consistant à enfoncer dans le corps des malheureux, suivant la longueur, une longue et fine aiguille rougie au feu ou enduite de ce goudron de tabac recueilli dans le tuyau encrassé d'une pipe. Il vaut mieux tuer les papillons en les piquant au bouchon d'un bocal à cyanure, ou d'un récipient contenant un tampon imbibé de benzine légèrement phéniquée. Mais si l'on se sert du cyanure, il ne faut pas laisser trop longtemps les papillons exposés au contact de ses vapeurs, parce que les épingles ne tarderaient pas à se corroder.

Nous devons mentionner ici un procédé de chasse très pratique, en ce qu'il permet de n'emporter avec soi qu'une boîte d'un petit volume remplie de *papillotes* de papier ainsi pliées *fig.* 108 et 109); les lignes pointillées indiquent les plis du papier. Quand on a pris un papillon, on l'introduit replié, après qu'on lui a comprimé le thorax, dans la papillote entr'ouverte, on la referme, et on la met dans un autre compartiment de la boîte. Ce moyen, très commode en voyage, permet de rapporter de grandes quantités de papillons sous un très petit volume. Pour les tuer, il suffit de mettre les papillotes dans une boîte close contenant des vapeurs de benzine, mais il faut toujours avoir soin que ce liquide ne vienne pas humecter les ailes des papillons, ce qui amènerait des accidents presque irréparables. Les papillotes ne doivent être employées que pour les papillons de jour; tous les papillons nocturnes, les noctuelles, les sphinx à gros corps velu, doivent être piqués directement, sans quoi leur abdomen se déformerait; et comme ces insectes ont la vie très dure, ils s'abîmeraient en se frottant contre le papier.

La chasse des papillons se fait pendant toute la belle saison; les espèces diurnes se prennent depuis les premières heures du matin jusqu'au crépuscule. Alors commencent à voltiger les

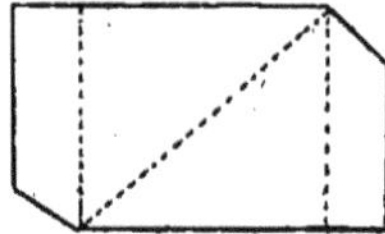

Fig. 108.

Manière de fabriquer une papillote de papier.

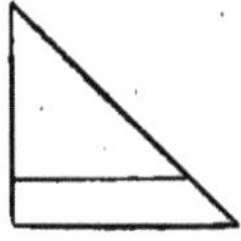

Fig. 109.

Papillote fermée.

sphinx, certaines noctuelles qui viennent bourdonner autour des fleurs, surtout dans les jardins. Quand la nuit est tombée, pendant les mois chauds, des masses de bombyciens parcourent l'espace et voltigent de toutes parts autour des endroits habités, attirés par l'éclat des lumières. La chasse à la lanterne et à la lampe donne d'excellents résultats, surtout par les nuits sans lune, quand l'atmosphère est lourde, lorsqu'il n'y a pas de vent ou que c'est un vent orageux. Il suffit alors de s'embusquer près d'une table recouverte d'un linge ou d'un papier blanc réfléchissant bien la lumière d'une lampe, et l'on prend au filet des quantités de papillons de toutes espèces. Beaucoup s'abattent sur la table où ils demeurent immobiles et se laissent piquer facilement. Une chasse nocturne également très avantageuse est celle dite *à la miellée*, qui réussit particulièrement en août et en septembre, même en octobre quand la température demeure élevée. On choisit dans une clairière de bois, ou même dans un jardin, un ou deux arbres assez isolés et à tronc bien nu; on les enduit à hauteur d'homme d'une bouillie sucrée que l'on a composée avec de la mélasse ou du miel dissous dans l'eau à consistance sirupeuse. C'est au coucher du soleil que l'on vient faire ce badigeonnage. Une fois la nuit tombée, on arrive avec une lanterne, et, la plupart du temps, on voit des quantités de noctuelles attablées à ce festin, et si occupées, que l'on peut les piquer une à une sur place sans qu'il s'en envole une seule. Si l'on a la patience de demeurer tranquille en faction dans les environs, on fera de très belles récoltes. Un autre procédé, qui donne d'aussi bons résultats, est celui des *pommes tapées*, coupées en deux rondelles, ramollies dans l'eau, puis imprégnées, une fois qu'elles ne sont plus trop humides, de quelques gouttes d'*éther nitreux*. On fait un chapelet de ces ronds de pomme enfilés à une ficelle et on le tend entre deux arbres. La forte odeur de pomme de reinette, que dégage cet appât tendu la nuit, attire les noctuelles, qui viennent sucer le liquide et ne tardent pas à être engourdies par les vapeurs éthérées. On peut les piquer facilement sur place ou les faire tomber dans le flacon à cyanure. Ne pas oublier que l'*éther nitreux* ne doit être mis qu'en petite quantité, sans quoi l'appât n'attirerait plus les insectes. Pour prendre facilement un grand nombre de bombyx mâles, il suffit d'avoir la chance de se procurer une femelle, soit d'éclosion, soit prise au filet. On la pique sur un morceau de liège fixé à l'appui d'une fenêtre ou sur le tronc d'un arbre. On ne tarde pas à voir des mâles arriver de toutes parts, et on peut les capturer au filet. Si on laisse cette femelle appât passer la nuit dehors, on a la chance d'obtenir une ponte féconde qui permettra à la saison prochaine d'élever des chenilles et d'avoir ainsi des bombyx bien frais.

Préparation.

Il s'agit, pour le collectionneur revenu de la chasse, d'*étaler* ses papillons. L'opération de l'*étalage* est destinée à donner à ces insectes l'attitude définitive qu'ils doivent garder dans la collection, attitude rappelant un peu celle du vol, au moment où les ailes sont horizontalement étendues et se laissent voir sur la totalité de leur surface.

L'étaloir est un petit meuble, ou pour mieux dire un appareil

de bois tendre et léger, composé essentiellement d'une planchette
épaisse dans le milieu de laquelle est tracé un coulisseau peu
profond (*fig.* 110). Cette rainure, plus ou moins large suivant les
cas, profonde de 2 cm., garnie en son fond d'une bande de liège,
d'agave ou de moelle de sureau, est destinée à recevoir le corps
du papillon. De chaque côté du coulisseau, la planchette se relève
en pente douce presque insensible. Le bois doit être soigneusement poncé, uni et même poli avec de la pierre de Briançon, afin
que les ailes délicates du papillon ne subissent aucune éraflure.
Pour étaler un papillon (*fig.* 111), on le pique au milieu du coulisseau de l'étaloir, en ayant grand soin
de le piquer bien droit et perpendiculairement; puis, « on attachera par
son extrémité antérieure, à l'aide d'aiguilles à tête d'émail, une bande de
papier, de façon qu'elle n'empêche
pas l'aile supérieure de monter aussi
haut qu'il est nécessaire; on fait
mouvoir cette aile en la pressant légèrement au-dessous de la principale
nervure, avec la pointe d'une aiguille

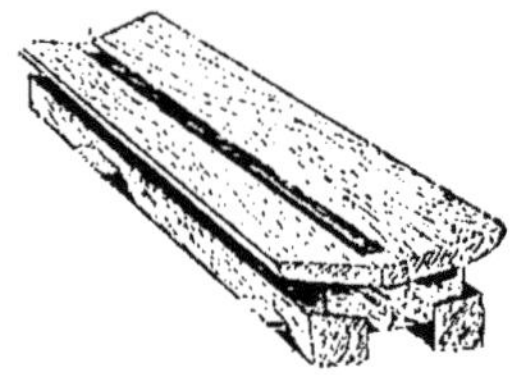

Fig. 110.
Étaloir.

emmanchée d'un petit bâton; et pour que cette aile ne se dérange
pas, on appuie la bande dessus avec l'index de la main gauche;
on place ensuite l'aile inférieure et on la retient en position, en
pesant de la même manière sur l'extrémité postérieure de la
bande que l'on arrête sur une seconde aiguille. On fait la même
chose pour les deux ailes du côté opposé. » (Godart.)

On peut facilement se construire des étaloirs avec des planches
de bois de peuplier, qui se travaille facilement; la difficulté est
de donner aux plans l'inclinaison nécessaire et de les planer régulièrement. Les bois durs doivent être rejetés pour la fabrication
de ces appareils, parce que les épingles ne s'y fixent pas et y
perdent leur pointe. Il faut posséder quelques étaloirs de dimensions différentes, suivant la grosseur des espèces que l'on veut
préparer. Un grand modèle à rainure large de 28 mm. pour les gros
papillons de nuit; un moyen modèle à rainures larges de 6 mm., et un
petit modèle à rainure large de 4 mm. formeront un assortiment suf-

fisant pour débuter. Les épingles à employer pour fixer les bandes de papier sont celles d'acier à tête d'émail; on en trouve chez tous les merciers. Il faut les choisir bien trempées et assez fines. Quant aux aiguilles emmanchées, rien de plus facile que de s'en fabriquer des jeux nombreux avec des bâtonnets et des aiguilles de toutes dimensions, montées comme nous l'avons expliqué pour la préparation des plantes.

L'étalage est une opération fort délicate à mener et ne laisse pas que de demander quelque habitude. Il arrive souvent aussi que les papillons ne sont plus assez souples pour pouvoir la subir, leur rigidité ne fait dans ce cas qu'augmenter. Pour leur rendre leur première souplesse, il est nécessaire de leur faire subir une préparation spéciale, le *ramollissage*, qui permet de rendre aussi frais et aussi souples que de leur vivant les insectes même desséchés depuis longtemps.

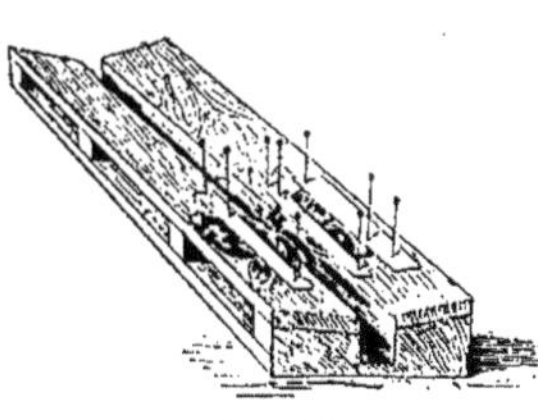

Fig. 111.

Fixage du papillon sur l'étaloir.

Cette opération n'a en soi rien de complexe; simple également est l'appareil. Un plat creux rempli de grès mouillé et recouvert d'une cloche de verre s'appliquant d'une manière hermétique sur ses bords, à son défaut une marmite fermant bien ou quelque autre récipient large et peu profond, tel est l'appareil. Si l'on veut ramollir des papillons, on les pique sur le grès en ayant soin d'éviter que leur corps n'y touche, et on les abandonne dans cette chambre humide. Il ne faut pas omettre de répandre de temps à autre un peu d'acide phénique sur le grès, précaution bonne pour empêcher la formation de moisissures. Un jour ou deux suffisent pour rendre leur souplesse aux espèces de moyenne taille; un laps de temps plus long est nécessaire aux gros papillons, surtout s'ils sont secs. Aussi faut-il avoir beaucoup de patience et ne pas chercher à repréparer un insecte tant qu'il n'est pas suffisamment ramolli, c'est-à-dire tant que toutes ses parties n'ont pas en leurs articulations le même jeu que du vivant de l'animal. On a recommandé l'usage des feuilles fraîches du laurier-cerise; voici un procédé que le lépidoptérologiste Berce employait avec succès, après s'être aperçu que certains papillons bleu tendre ou vert gai perdaient leurs fraîches couleurs dans les vapeurs humides du ramollissoir ; il donnait, il y a bien des années, un moyen déjà connu et employé en Angleterre, de ramollir ces insectes sans crainte de les voir se décolorer : « ... Il consiste à préparer un vase de verre ou de faïence auquel on ajuste un bouchon de liège fermant hermétiquement ; au fond de ce vase on met des feuilles de laurier-cerise (*cerasus laurocerasus*) que l'on aura hachées menu, sur une épaisseur de deux à trois centimètres ; on pique alors sur le bouchon les papillons que l'on veut ramollir, ou conserver frais, et on le remet sur le vase. On peut de cette manière conserver et ramollir toutes les espèces de papillons, et pendant un laps de temps qui peut durer, suivant notre expérience, de quinze à vingt jours. Les seules précautions à prendre sont celles-ci : choisir les feuilles de laurier-cerise bien mûres, et non les jeunes pousses, les essuyer si elles sont mouillées ; tenir le vase au frais et dans l'obscurité, le visiter souvent, et si l'on aperçoit quelque trace d'humidité, le déboucher et l'essuyer ; changer les feuilles lorsqu'on s'aperçoit qu'elles jaunissent ou qu'elles ont quelque trace de moisissure. Ce procédé est excellent et n'altère en rien les couleurs les plus tendres ; nous le recommandons spécialement toutes les fois qu'on pourra le mettre en pratique. »

Une fois bien secs, les papillons sont retirés de l'étaloir. Un conseil à ce sujet : il faut laisser les insectes sécher longtemps dans un endroit abrité, à l'ombre, et à l'abri de l'humidité ; les laisser en plein air n'est pas prudent : il ne manque jamais d'insectes dévastateurs des collections pour venir pondre sur les sujets ainsi exposés ; le meilleur est de garder les étaloirs dans une armoire ou dans des tiroirs bien clos et de les visiter fréquemment.

Les papillons préparés sont piqués dans les boîtes de la collection. Ici chacun fait comme il l'entend : les uns aiment les grandes boîtes, d'autres les préfèrent petites ; la forme en tiroirs vitrés est généralement employée. Quels que soient leur volume et leur forme, le fond en doit être liégé, recouvert de papier blanc, et le couvercle vitré afin qu'on puisse voir les insectes sans être obligé d'ouvrir la boîte. Cette précaution est loin d'être inutile : l'air que l'on comprime en refermant fréquemment le couvercle pèse sur les ailes des papillons. les ébranle et finit par les détacher. Les pinces à piquer (*fig*. 112) sont indispensables pour le rangement et le maniement des insectes.

Ce sont des pinces en acier à mors recourbés destinés à saisir l'épingle au-dessous de l'insecte pour pouvoir la piquer solidement sur le fond de liège (*fig*. 113). Car si l'on prenait l'épingle par la tête on risquerait de la ployer et de briser le papillon.

Insectes dévastateurs des collections.

Si l'on vient à s'apercevoir qu'un ou plusieurs papillons soient attaqués par les insectes ravageurs des collections, ce que l'on reconnaîtra à un tas de fine poussière brune amassée sous lui, il faut immédiatement retirer de la boîte les sujets contaminés. On les met passer quelques heures dans le large flacon à cyanure, ou, s'ils sont trop grands, dans une boîte hermétiquement close contenant un chiffon ou une éponge imbibée de benzine ou de sulfure de carbone. Les émanations ne tardent pas à tuer le parasite que l'on trouve généralement mort au fond de la boîte quelques heures après l'introduction du papillon attaqué. Il sera du reste prudent de faire passer une douzaine d'heures dans ce lazaret à tous les papillons déjà préparés que quelque acquisition ou quelque échange pourront amener dans la collection.

Fig. 112. Pinces à piquer.

Il est de bonne précaution de mettre dans un des coins de chacune des boîtes de la collection un petit tube (*fig*. 114) qu'une bande de papier collée autour de sa panse permet de fixer sur le fond liégé, au moyen d'une épingle, tube contenant du coton que l'on imbibe de temps en temps de benzine, de sulfure de carbone. Aux délicats à qui répugnent ces substances infectes, nous indiquons l'usage de l'essence de serpolet ou d'une huile provenant d'une plante de Malaisie, le kayou-pœti que les pharmaciens commencent à débiter : ces deux essences ont l'avantage d'avoir une odeur forte, pénétrante, sans être désagréable, et suffisent ainsi à éloigner les insectes parasites, dermestes, ptines, anthrènes, teignes, fléaux des collections, dont les larves

et les chenilles dévastent les plus belles pièces, dévorant les corps
et trouant même les ailes des papillons.

Préservatifs.

Le camphre est une substance d'une utilité incontestable, mais
dont on ne doit se servir qu'avec précaution, car cette matière,
renfermée dans des boîtes, ne tarde pas
à s'y sublimer et à recouvrir les insectes
d'une fine couche blanche qui produit le
plus mauvais effet; nous lui préférons la
naphtaline. A rejeter aussi ce moyen déplorable consistant à enduire le dessous
du papillon d'une masse de savon arsenical (*savon de Bécœur*) empoissant les
pattes, graissant la base des ailes et
n'empêchant pas l'insecte ainsi gâté d'être
attaqué par cet autre fléau des collections, les *acarus*. Ces petits animalcules,
s'installant en masse sur le corps du
papillon, ne tardent pas à donner aux gros bombyciens ou autres
lépidoptères poilus un aspect mouillé, luisant, produisant le plus
triste effet. Il semblerait que le papillon ainsi attaqué a été trempé
dans l'huile; les amateurs, pour définir cet état de choses, ont
une expression consacrée : ils disent que le papillon est *tourné
au gras*.

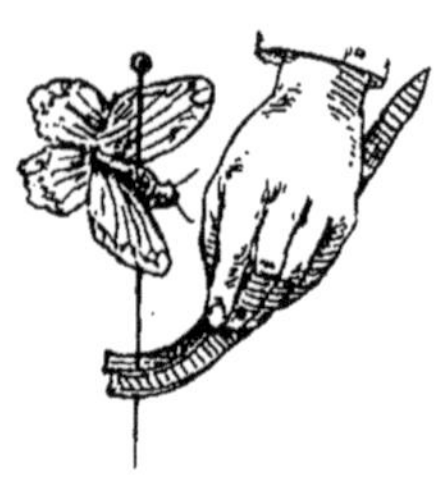

Fig. 113.
Emploi de la pince à piquer.

Heureusement qu'il existe un remède souverain et facile à
appliquer. On plonge le papillon contaminé dans la benzine, de
manière à ce qu'il y baigne complètement, puis on le pique dans
une petite boîte remplie d'*argile smectique* (terre à foulon ou
terre de Sommières) finement broyée et tamisée, et on le recouvre
complètement de la même substance (*fig.* 115). Un jour, quarante-
huit heures au plus, suffisent pour mener à bien l'opération. On
peut alors retirer le papillon qu'on époussette soigneusement avec
un pinceau très doux, et l'on s'aperçoit alors qu'il est redevenu
aussi frais qu'avant l'accident.

Il est un ennemi plus terrible, plus facile à éviter qu'à combattre, et contre lequel il est peu de remèdes : nous entendons parler de la moisissure, triste apanage des collections disposées dans les maisons humides. On peut essayer de nettoyer les insectes attaqués avec de l'alcool absolu, avec de l'éther. Pour éviter les acarus et la moisissure, il faut tenir sa collection dans un endroit sec et la visiter fréquemment.

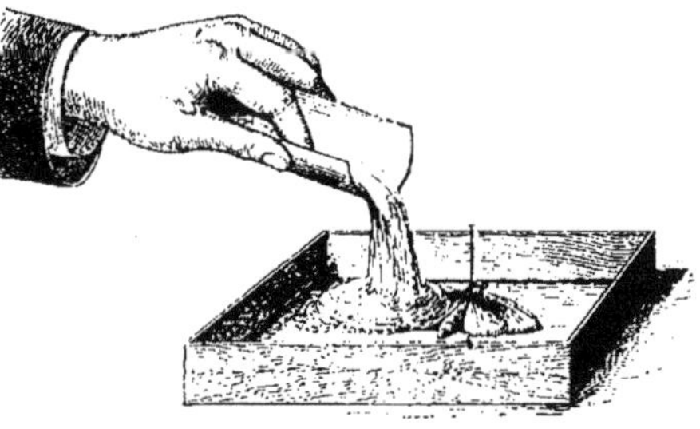

Il arrive souvent qu'un accident malheureux amène chez les papillons secs la rupture d'une partie du corps fragile : une antenne se détache, une patte se brise, parfois un abdomen tombe, et, chose plus grave, une aile se déchire. Les parties ainsi séparées se recollent avec de la gomme laque dissoute dans de l'alcool à consistance sirupeuse. Cette substance a l'avantage de *prendre* sur les parties poilues et écailleuses, de sécher rapidement et d'être à peu près insensible à l'humidité, de telle sorte que les insectes ainsi recollés peuvent être facilement ramollis. Pour réparer les ailes, il est bon de ramollir préalablement le papillon et de le réparer sur l'étaloir en ayant eu soin de ramollir également les morceaux détachés; une fois qu'à l'endroit recollé la gomme laque est bien sèche, on étale

Fig. 114.

Disposition du tube contenant le coton imbibé de benzine.

le papillon comme précédemment. Cette méthode a l'avantage d'éviter les boursouflures, les gondolages des parties recollées.

Si quelque insecte parasite a fait un trou dans le corps du papillon pour s'échapper au dehors, on

Fig. 115.

Le papillon *tourné au gras* est recouvert d'*argile smectique.*

peut le boucher en mélangeant des poils de laine de couleur appropriée, finement hachée, avec de la gomme laque et en appli-

quant cet enduit sur le trou; quelques touches de peinture habi-
lement distribuées concourent à donner un résultat satisfaisant;
il est même possible, par cette méthode, de refaire des fragments
entiers d'abdomen brisés et perdus. Il est des amateurs qui sont
arrivés dans ces réparations à une habileté prodigieuse.

Rangement de la collection.

Le classement de la collection doit être aussi méthodique que
possible. Des étiquettes de dimension et de forme variant suivant
le goût de chacun portent les noms de
genre, d'espèce; de plus grandes portent ceux des familles. On les fixe
au-dessus ou au-dessous de chaque rangée d'individus (*fig.* 119) avec des épingles courtes les assujettissant au fond
de la boîte (épingles camions), ou bien
on les monte sur des épingles plus longues, au moyen d'un support en liège ou
en moelle de sureau sur lequel on les
colle, alors que la tête de l'épingle se
trouve prise dans le support, la petite
construction formant table à un seul pied
(*fig.* 116). Cette disposition a l'avantage
de présenter les étiquettes dans les boî-

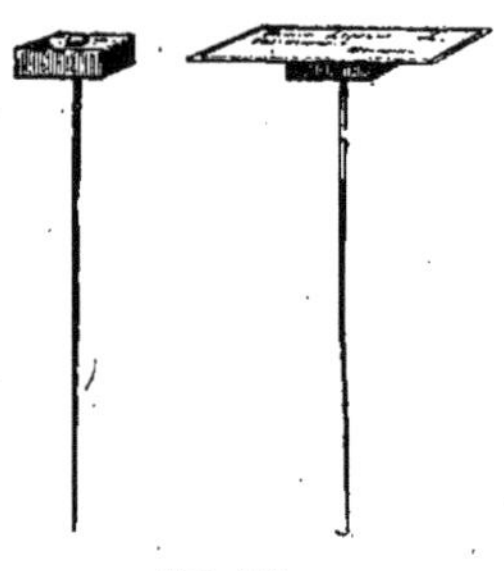

FIG. 116.

Montage des étiquettes
sur épingles.

tes à la même hauteur que les papillons, ce qui donne une meilleure vue d'ensemble et économise de la place.

Il est également très utile de piquer à l'épingle supportant le
papillon une petite paillette de papier (*fig.* 117-118) sur laquelle
on inscrit la provenance du sujet, localité, date de la capture,
mois et année; si c'est par échange qu'on s'est procuré l'insecte,
indiquer de quelle collection il vient, etc. Toutes ces indications
sont fort utiles; faute de les posséder, une collection perd de son
intérêt et de sa valeur. « Ce n'est, en effet, que d'après les localités ainsi inscrites dans les collections et relevées par les auteurs,
que l'on a pu faire les faunes, et surtout les faunes locales, dont
l'importance est si grande. »

Il est bon de tenir aussi au courant un cahier de chasse où l'on inscrit, au retour de chaque excursion, le nom et le nombre de ses captures, la date exacte, le lieu de prise et les renseignements de mœurs qu'on aura recueillis. Mais ce livre n'exclut en rien

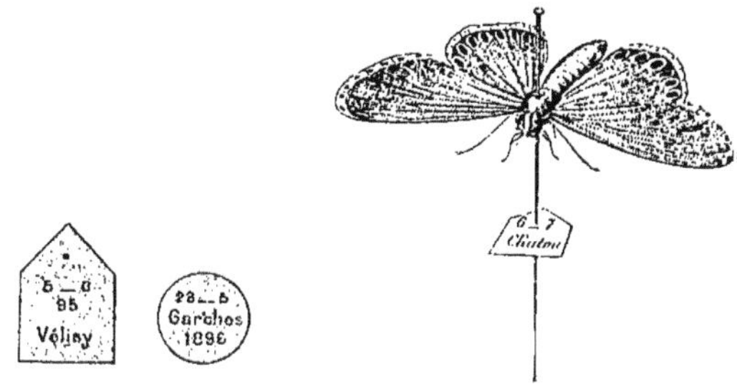

Fig. 117.   Fig. 118.

Paillettes de papier servant à indiquer la provenance de l'insecte.
Disposition.

l'établissement de paillettes individuelles; en effet, on peut faire sur son livre une erreur de détermination, confondre des espèces voisines, tandis que l'insecte ayant sa paillette à son épingle porte avec lui son état civil; sa détermination peut changer, sa provenance et sa date de prise sont toujours les mêmes.

Décalcomanie.

Une collection d'un caractère moins scientifique, mais pouvant devenir très artistique, d'après l'habileté de son propriétaire, est celle de papillons décalqués par ce procédé qu'on appelle *décalcomanie* ou *lépidochromie*. Ce procédé consiste à fixer sur le papier les couleurs des ailes des papillons. On peut également en obtenir des épreuves sur porcelaine et sur verre. Cette opération, qui n'a en soi rien de compliqué, demande seulement du soin, de la patience et quelque habitude. On peut, quand on a acquis une certaine pratique, se composer de charmants albums renfermant les nombreuses espèces de papillons récoltées, et qui présentent l'avantage de rester à l'abri des insectes dévastateurs et surtout de ne pas être aussi fragiles que les délicats insectes dont elles conservent l'effigie.

On sait que les ailes des papillons doivent leur éclat à une grande quantité de petites écailles de diverses formes, fixées sur la membrane de l'aile, mais n'y étant pas assez solidement attachées pour résister à des frottements ou même au contact d'un corps étranger. En effet, lorsqu'on saisit un papillon avec les doigts on remarque qu'une partie de la couleur de ce gracieux insecte y reste fixée sous forme d'une poussière plus ou moins brillante. C'est sur ce principe qu'est basée la méthode de lépidochromie. Dès 1771 l'abbé Crozier se livra à des expériences dont il publia le résultat, et il paraît être le premier qui ait donné une méthode. De nombreux auteurs en ont parlé après lui, donnant chacun les procédés qu'il croyait les meilleurs.

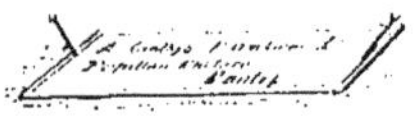

FIG. 119.
Étiquette à fixer sous les insectes.

L'aile des papillons se compose de deux lames minces intimement unies l'une à l'autre et soutenues par des côtes plus solides ou nervures. Incolores et transparentes, ces deux membranes sont recouvertes sur leur surface extérieure de ces petites écailles dont nous avons parlé. Ce sont ces écailles qu'il s'agit de fixer sur le papier; mais pour atteindre ce résultat il faut deux opérations distinctes. En effet, les écailles présentent une coloration différente suivant qu'on les considère par leur face externe ou par leur face interne. Il importe donc de les fixer d'abord sur le papier, puis de les transporter sur un autre, afin qu'elles s'y trouvent fixées suivant la position qu'elles ont dans la nature.

Pour décalquer un papillon, on prend une feuille de papier écolier un peu fort et bien satiné; on y trace sommairement et largement le contour des ailes du papillon, puis on couvre toute la surface qu'elles doivent occuper avec de l'eau gommée. Cette eau gommée se prépare avec de l'eau très pure, de la gomme arabique bien fine et bien blanche, un peu de sucre candi, un peu de sel blanc et un peu d'alun; le dosage exact est une question d'habitude; il ne faut pas que la solution soit trop claire, encore moins trop épaisse. Cette solution doit avoir la consistance d'un très léger sirop. On obtient aussi une excellente colle avec le mucilage fourni par la graine de plantain auquel on ajoute du sucre et de la gomme arabique.

La colle (quelle que soit celle adoptée) est étendue au pinceau sur du papier blanc (papier écolier ou papier de Hollande, par exemple) et l'on y dépose les quatre ailes du papillon que l'on a détachées avec le plus grand soin à l'aide de ciseaux très fins (*fig.* 120), les inférieures d'abord, puis les supérieures, dans l'attitude exacte que doit présenter un papillon étalé, et en ménageant entre les deux paires l'espace que devra occuper le corps. On recouvre alors le tout avec une feuille de papier fin : le papier huilé convient merveilleusement pour cet usage, parce qu'il n'adhère pas à la gomme dépassant autour des ailes ; puis on place le tout entre quelques feuilles de papier quelconque et on met sous presse, soit dans un gros livre, soit sous des poids ; il ne faut

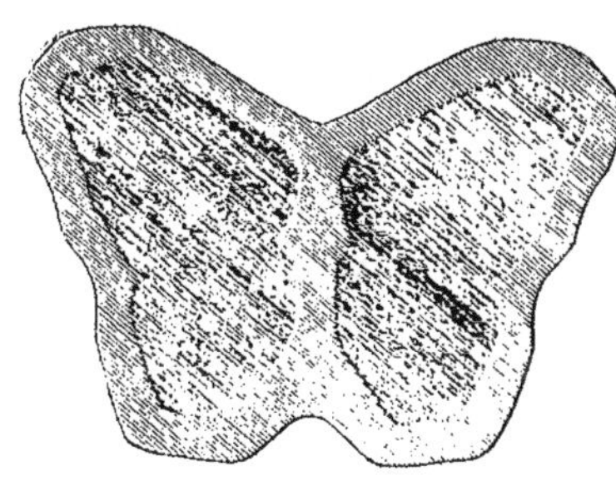

Fig. 120.

Décalque d'un papillon.

pas que la pression soit trop considérable, car les nervures s'écraseraient et abîmeraient le dessin. Au bout de quelques heures la gomme est parfaitement séchée ; on peut alors retirer la feuille de dessous la presse ; avec des pinces fines on enlève les ailes du papillon, et l'on voit sur le papier la première épreuve. Si l'on a voulu reproduire en même temps le dessus et le dessous des mêmes ailes, il a suffi d'appliquer dessus, au lieu du papier huilé, une autre feuille de papier enduite de gomme.

Une seconde opération devient ici nécessaire : c'est l'impression au vernis ; car la première épreuve n'a donné que l'image produite par les écailles placées à l'inverse de leur position sur la membrane de l'aile. On emploiera pour tirer la seconde épreuve, qui sera la définitive, du papier vélin ou bristol bien fin et bien satiné. Le vernis à employer est le vernis blanc à l'esprit-de-vin, assez épaissi pour qu'il ne s'étende pas sur le papier, pour que celui-ci ne le boive pas. On prend alórs du vernis avec un pinceau de blaireau bien fin et on applique une légère couche sur les ailes décalquées, à la première épreuve, de manière à ne pas dépasser leur surface, et à rester strictement dans leur contour. L'épreuve ainsi recouverte de vernis est découpée très soigneusement suivant le contour des ailes et appliquée sur la feuille de vélin et de bristol, de manière à y adhérer par toute sa surface vernissée. On laisse sécher le vernis suffisamment pour qu'il ne bave pas lorsqu'on met la feuille sous presse. Dès que le vernis est parfaitement sec, on retire de la presse la feuille et on là met dans une cuvette pleine d'eau bien pure, de façon à ce qu'elle y baigne complètement et que le bristol soit bien imbibé. On retire alors du bain, et avec la pointe d'une aiguille on soulève doucement un des bords du papier gommé de l'épreuve primitive, puis on l'enlève douce

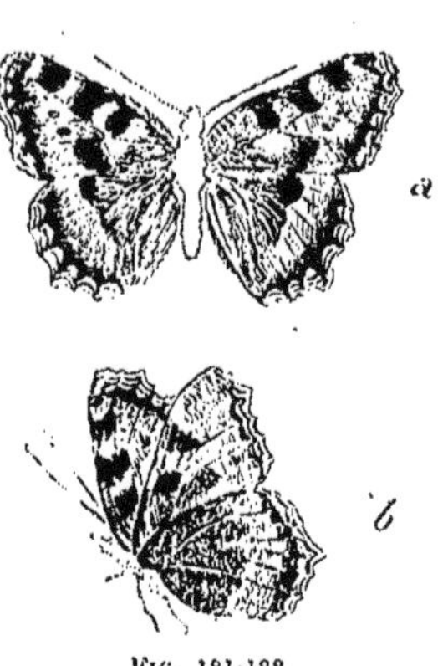

Fig. 121-122.

Résultats du décalque.

ment. On remarque alors que les écailles n'y sont plus fixées, mais adhèrent au vernis du bristol et reproduisent exactement les couleurs du papillon (*fig.* 121-122). On lave encore avec soin l'épreuve définitive avec un pinceau, puis on la fait sécher sous presse entre des doubles de très fin papier joseph. Lorsque la feuille de bristol est bien sèche, il ne reste plus qu'à peindre le corps et les

Fig. 123.   Fig. 124.

Décalque de papillons à ailes bleues.

antennes du papillon à l'aquarelle ou à la gouache; pour les espèces à corps poilu, on pourra même racler les poils du corps et les fixer dans le contour du dessin avec du vernis.

Ces productions se conservent très bien dans la suite, et on peut en former de très jolis albums; il sera bon, toutefois, pour les préserver des frottements, de séparer chaque feuille par du papier serpente.

Les papillons aux ailes bleues se reproduisent toujours mal lorsqu'on s'en tient au procédé que nous venons d'indiquer. Les écailles de ces papillons deviennent noirâtres à l'impression (*fig*. 123); il est nécessaire, pour parer à cet inconvénient, de faire une opération supplémentaire. Les auteurs nous apprennent que chaque écaille est composée de trois lamelles, dont la dernière, reposant sur la membrane de l'aile, jouit seule de la propriété de réfléchir les couleurs. Il est clair que la première épreuve par l'eau gommée ne peut donner l'aspect du papillon, puisqu'elle imprime l'aile en sens inverse et que la lamelle réfléchissante se trouve placée en dessous. Ce n'est donc que la contre-épreuve au vernis qui pourra faire apparaître la couleur bleue; mais pour l'obtenir avec son ton exact il est nécessaire que les lamelles supérieures soient parfaitement intactes et pures, ce qui ne peut se produire, puisque, après la première application à l'eau gommée, on enduit l'image fournie par cette opération d'une légère couche de vernis. Il suffira alors de plonger l'épreuve dans un second bain d'eau claire et de l'y laver avec soin pour faire disparaître la gomme. Au sortir du bain, l'épreuve est presque toujours d'un ton verdâtre ; puis devient bleue en séchant. Il faut proportionner la longueur du bain à la couleur du papillon ; il faut laisser plus longtemps dans l'eau les épreuves des espèces d'un bleu très pâle. Il ne faudra jamais vernir les épreuves ainsi obtenues, car les couches des écailles, en se gorgeant de vernis, redonneraient aux ailes une couleur noirâtre.

VIII. — LES CHENILLES

(RÉCOLTE ET PRÉPARATION).

Si la chasse au filet permet à l'amateur de se procurer un grand nombre d'exemplaires, il faut tenir compte aussi que la plupart des papillons ainsi obtenus ne sont pas toujours de première fraîcheur. En volant parmi les herbes, les broussailles, ces êtres délicats ont vite fait d'effranger leurs ailes fragiles et de les dépouiller des minuscules écailles dont l'arrangement produit ces colorations vives et variées qui font du papillon un vrai pastel.

Obtenir les papillons d'éclosion est plus avantageux. Les sujets que l'on se procure ainsi sont toujours de toute beauté, leur livrée est dans sa fleur. Deux moyens sont bons pour cela : la recherche des chrysalides et l'élevage des chenilles.

Recherche des chrysalides.

Les chrysalides se recherchent de préférence au pied des arbres, sous les écorces, aussi au bas des murs ou sous les chaperons. Cette chasse, qui ne demande que de la patience, peut se faire en toute saison. Armé d'un écorçoir, l'amateur explorera les vides des écorces des vieux arbres, il fouillera le sol à un pied de profondeur autour du tronc. Il s'attachera particulièrement aux arbres disséminés, plantés dans des terrains meubles où les chenilles aient pu facilement s'enterrer pour se chrysalider. Certains entomologistes, et des plus autorisés, recommandent de s'attacher particulièrement à ces arbres des prairies autour desquels les bestiaux ont brouté le gazon.

Pendant les beaux jours d'hiver, la chasse aux chrysalides est tout indiquée. L'amateur assez courageux pour se livrer à cette recherche sera étonné du résultat qu'il en tirera. Recommandons-lui de ne pas négliger les arbres couverts de mousses. En enlevant ces végétations par larges plaques, il trouvera souvent beaucoup de chrysalides de noctuelles et de phalènes.

Les chrysalides ainsi découvertes seront emmagasinées dans une boîte en bois ou dans ces boîtes ovales en fer-blanc, à couvercle operculé et percé de trous dans lesquelles les pêcheurs logent leurs asticots. Il faut les disposer avec soin sur des lits de mousse, de façon à ce qu'elles ne subissent ni chocs ni déplacements.

Arrivé chez soi, on les disposera dans de grandes boîtes bien aérées au moyen de couvercles en toile métallique, et là elles attendront, reposant sur un lit de sable sec ou de mousse sèche, l'instant de l'éclosion.

Fig. 125.

Disposition pour l'élevage des chenilles.

Ici, une observation importante. On rencontre souvent, en recherchant des chrysalides, des cocons soyeux, terreux, ou ligneux, dans lesquels sont renfermées certaines de ces nymphes. Sans céder à une curiosité inopportune, l'amateur devra déposer la coque, sans l'ouvrir, dans la boîte aux éclosions, et attendre que le papillon sorte de lui-même. Il faut toujours, en outre, placer dans cette boîte les cocons dans une position à peu près analogue à celle qu'ils occupaient dans la nature, dût-on les attacher à des brindilles ou les fixer aux parois de la boîte avec des fils. Faute de cette précaution, on pourrait obtenir des papillons avortés, dont les ailes plissées et recroquevillées sont du plus triste effet.

Il faut aussi que l'amateur s'arme de patience et ne croie pas que nécessairement une chrysalide recueillie en hiver doive donner un papillon au printemps. Il arrive souvent que certains gros papillons de nuit ne sortent de leur coque qu'au bout de deux ou trois ans, parfois même plus.

Une désillusion attend aussi l'amateur. Souvent, aux beaux jours, il entendra dans la cage aux éclosions un bourdonnement. S'approchant, plein d'émotion, pour voir quel est le papillon éclos, il reconnaîtra, tout penaud, que la chrysalide a laissé échapper de ses flancs quelque longue mouche parasite à quatre ailes, hyménoptère du groupe des ichneumons.

La chasse aux chrysalides est bonne en soi, mais il est une chose meilleure et à laquelle l'amateur de papillons doit apporter tous ses soins, c'est l'élevage des chenilles.

Élevage des chenilles.

La recherche des chenilles est une chose délicate, car, à moins de se contenter de ramasser les chenilles vulgaires que l'on rencontre vagabondant sur les plantes ou les chemins, il faut connaître les végétaux sur lesquels vivent les diverses espèces. Il faut aussi connaître les mœurs des chenilles. Beaucoup sont nocturnes, passant le jour enterrées au pied des arbres ou sous les pierres, pour sortir la nuit et ronger les feuilles de certaines plantes. D'autres passent leur vie incluses dans des fruits, des tiges creuses, ou percent des galeries dans le bois de divers arbres.

L'attirail du chasseur de chenilles devra se composer soit d'une petite boîte de fer-blanc ajourée, soit d'une

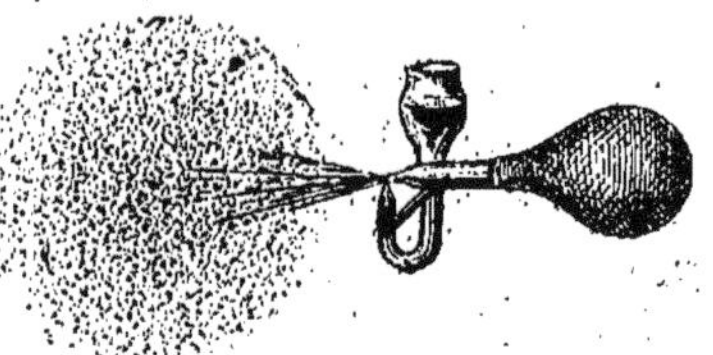

Fig. 120.
Pulvérisateur.

grande boîte en fer-blanc, dite d'herborisation. On peut encore se servir d'une boîte en bois, artistement divisée en compartiments, et que l'on porte en bandoulière. En outre, dans un grand sac de toile, on rapportera des feuillages pour nourrir ses pensionnaires.

Il ne faut pas se figurer en effet que pour obtenir un papillon, il suffise de renfermer dans une boîte quelconque, sans air ni espace ni lumière, une chenille privée de nourriture. Cela réussit parfois, lorsque, de fortune, on rencontre une chenille près de se chrysalider. Mais, dans la règle, il faut donner aux chenilles qu'on prétend élever un logis vaste, bien aéré et éclairé, et une bonne et abondante nourriture.

Un garde-manger de bois à panneaux de toile métallique fait une excellente boîte à élevage. On en garnit le fond de terre de bruyère, mêlée à du sable fin et recouverte de mousse sur deux pouces d'épaisseur, de manière à ce que les chenilles puissent s'enterrer si elles veulent. Les petites chenilles s'élèvent dans des pots à fleurs à demi remplis de terre et recouverts d'un de ces dômes en toile métallique dont se servent les marchands de comestibles pour mettre leurs marchandises à l'abri dés mouches, ou d'un cylindre de carton garni de toile métallique. Pour que la nourriture des chenilles reste fraîche, on fait baigner le pied de la branche ou la plante dans un flacon plein d'eau, placé dans le cylindre de carton d'où on peut le retirer pour changer d'eau. Ce cylindre reste enterré dans la terre de la boîte ou du pot. Cette disposition a pour but de changer l'eau du flacon sans déranger les chrysalides qui pourraient se trouver dans la terre. Et, pour que les chenilles ne puissent tomber dans le flacon et s'y noyer, on choisit des flacons à goulot étroit, que l'on oblitère autour de la branche avec un tampon de linge, que l'on peut remplacer par un bouchon de liège percé d'un trou donnant passage à la branche. Les plantes doivent être souvent changées, et la plus grande propreté doit régner au fond des boîtes, car les excréments des chenilles, en s'accumulant, pourraient amener les moisissures, et les chenilles sont très facilement détruites par les affections cryptogamiques. Quelques espèces demandent à se trouver dans un milieu humide. Dans ce cas on se sert d'un pulvérisateur (*fig.* 126) pour projeter une buée dans l'intérieur des récipients.

Pour élever les chenilles des noctuelles, Berce recommande de remplir aux trois quarts un pot à fleurs de bonne terre et de mettre dessus une motte de gazon que l'on arrose pour qu'elle reprenne. Ce pot, préparé d'avance, recouvert d'un couvercle en toile métallique, doit être gardé en plein air, et les chenilles ne demanderont pas d'autres soins que d'empêcher, par un arrosage judicieux, l'herbe de se faner.

Les amateurs de microlépidoptères élèvent leurs chenilles dans des tubes en verre bouché, contenant quelques feuilles pour la nourriture de la bestiole.

Tant que la saison est clémente, il faut faire ses éducations en plein air, sans cependant laisser les chenilles exposées à la pluie, à la neige ou au grand vent, non plus qu'à un soleil trop ardent.

Les ennemis les plus dangereux des chenilles sont les hyménoptères parasites du groupe des ichneumons, bracons et chancidiens, et les mouches tachinaires. Ces insectes pondent sur les chenilles ou dans leur corps, et les larves sortant de ces œufs dévorent peu à peu intérieurement la chenille, qui meurt généralement avant de se chrysalider, tandis qu'à côté d'elle gît le cocon soyeux de l'ichneumon ou la pupe en barillet de la tachinaire. Certaines arrivent à se chrysalider, mais meurent sans produire de papillon, tandis que l'insecte parasite s'envole, comme nous l'avons dit plus haut. Beaucoup de chenilles sont attaquées par un champignon parasite appelé *isaria farinosa*.

Préparation pour la collection.

Nous recommanderons à l'amateur de papillons de réunir dans sa collection tous les documents de l'histoire de chaque papillon, c'est-à-dire le papillon, sa chenille, sa chrysalide, et s'il y a lieu, son cocon et ses parasites.

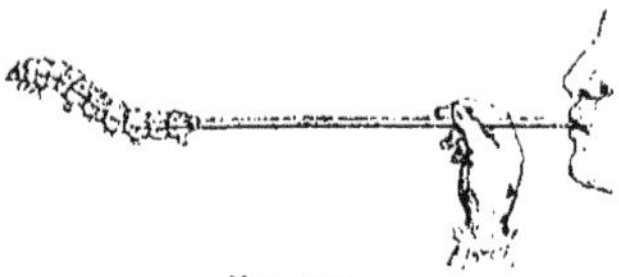

Les chrysalides se conservent bien sèches sans perdre leurs formes, mais les chenilles demandent une préparation particulière. Certains amateurs les gardent dans des tubes remplis d'alcool;

Fig. 127.

Soufflage d'une peau de chenille.

c'est assurément le meilleur procédé. Mais il en est un autre assez ingénieux, c'est le soufflage.

On commence par vider complètement le corps de la chenille en la laminant sous un crayon ou une baguette de verre ronde que l'on roule sur elle, en allant de la tête à la queue et en prenant garde de ne pas écraser la tête, jusqu'à ce que tous les viscères soient sortis par l'extrémité postérieure. On enlève ce paquet de tripes, on essuie la peau avec un chiffon. La chenille n'est plus qu'une gaine vide et flasque. On introduit alors une paille, proportionnée à la grosseur de la chenille, dans l'extrémité postérieure, de façon à ce qu'elle pénètre d'environ 5 à 6 mm., on lie la peau autour de ce chalumeau au moyen d'un fil et on arrête la peau avec une fine épingle qui la traverse et va se piquer dans la paille. Cette précaution est destinée à empêcher la peau de s'échapper. Puis on souffle dans la paille, ce qui gonfle la peau jusqu'à lui faire reprendre sa forme (*fig.* 127).

Pendant ces diverses opérations, on a fait chauffer au rouge un cylindre ou un entonnoir de tôle, de telle sorte que l'on n'a plus qu'à y sécher la peau, tout en continuant à souffler dedans et en la maintenant assez éloignée des parois pour qu'elle ne brûle pas (*fig.* 128). La peau, une fois sèche, garde sa forme, et la chenille ainsi préparée est mise dans la collection, après qu'on a coupé la paille dont on ne laisse qu'une amorce, servant à passer une épingle pour fixer la bête dans la boîte.

FIG. 128.

Séchage de la peau de la chenille.

Certains amateurs ont la patience de repeindre leurs chenilles avec des couleurs à l'huile, mais c'est un travail difficile et méticuleux. D'autres, n'aimant pas ces chenilles boursouflées et distendues ressemblant, à la vérité, plus à des boyaux qu'à des larves, vident les chenilles, puis remplissent leur corps avec de la cire colorée d'avance du ton général de la robe. Puis, avec des couleurs fines, ils reprennent en dessus les dessins et les bandes. Ce travail bien fait donne de bons résultats.

Il faut procéder comme pour le soufflage ordinaire, mais employer, au lieu de la paille, une fine pipette de verre à tubulure.

On introduit dans le récipient de la cire vierge mélangée de la moitié de son poids de suif et fondue au bain-

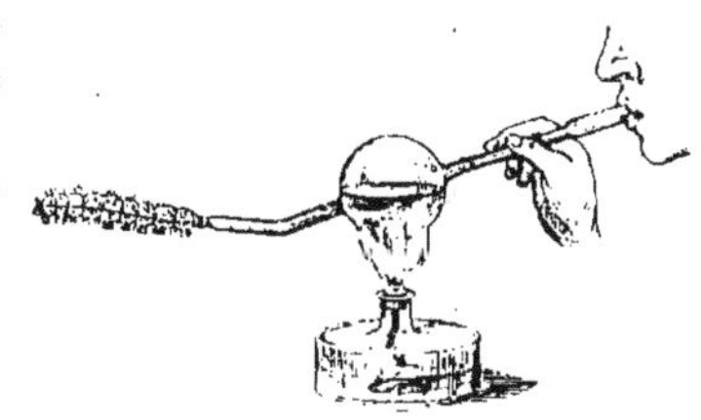

FIG. 129.

Remplissage du corps de la chenille avec de la cire colorée.

marie, puis on souffle la chenille en poussant dans sa peau la cire que la flamme d'une lampe doit tenir à son point de fusion; il ne serait pas mauvais que la chenille fût également dans le manchon de fer chauffé, comme pour l'opération précitée.

Microlépidoptères.

Tous ces petits papillons délicats, dont les plus grands n'ont souvent pas plus d'un centimètre d'envergure, sont très difficiles à préparer. Nous avons dit comment on les récolte; nous ajouterons qu'un des meilleurs moyens de les avoir bien frais est d'élever leurs chenilles, dont l'étude arrivera à faire connaître l'existence dans les tiges, les graines, les fleurs des nombreuses plantes où elles se développent.

Les plus gros microlépidoptères se piquent avec les épingles à insectes les plus fines; mais pour les petites espèces, il est d'usage de les embrocher avec des fragments de fil très fin d'argent ou de platine que l'on peut trouver chez les horlogers. Avec une petite pince à mors coupants on divise un fil en fragments de 15 cm. de longueur, taillés en biseau à chaque extrémité. Le microlépidoptère étant couché sur le ventre, sur une billette en moelle de sureau, on le pique délicatement au milieu du corselet. Mais pour mener à bien cette opération il faut la faire sous le foyer d'une bonne loupe tenue de la main gauche, tandis que la droite tient serré dans une pince ordinaire le fil d'argent.

Fig. 130.

Manière de piquer les microlépidoptères.

On a préparé un certain nombre de petits rectangles de moelle de sureau longs de 10 mm., sur 5 de large et 4 d'épaisseur. Chacun de ces rectangles est piqué près d'un des côtés étroits par une épingle à insectes un peu fine. C'est sur cette petite bille de sureau que l'on pique le microlépidoptère. De cette manière on peut facilement le transporter d'une boîte dans une autre comme tout autre insecte piqué. Ce qui est une opération vraiment difficile, c'est de procéder à l'étalage des microlépidoptères. Il faut avoir des petits étaloirs en bois tendre que l'on peut fabriquer avec de fines règles en bois de peuplier, assemblées parallèlement sur une planchette. La rainure qui les sépare et qui n'aura pas plus

de 1 à 2 mm. 1/2 de large, sera garnie de moelle de sureau; mais
elle devra, au-dessus de cette moelle, présenter une hauteur de
5 à 6 mm., de façon à ce que les longues pattes délicates des microlépidoptères puissent s'y loger. Pour étaler les ailes, on procédera
comme à l'égard des autres papillons, mais en usant de précautions bien plus grandes et surtout d'aiguilles emmanchées très
fines et de bandes de papier bien lisse ou glacé. C'est seulement
quand le microlépidoptère est retiré de l'étaloir qu'on le monte
sur le petit morceau de moelle de sureau.

IX. — CHASSE DES COLÉOPTÈRES.

Nous avons vu que les papillons sont, parmi les insectes, ceux dont la récolte et surtout la préparation présentent le plus de difficultés et exigent le plus de soins. Au contraire, nous allons voir, dans les coléoptères, des animaux d'une conservation plus facile et qui demandent moins de qualités minutieuses de la part du collectionneur.

Comme tous les procédés employés pour la préparation des papillons et des coléoptères deviennent applicables aux insectes des autres ordres, nous insisterons sur les coléoptères, autant que nous l'avons fait sur les papillons, de manière à n'avoir plus à donner sur les autres que des indications sommaires.

Outillage.

Les instruments nécessaires pour la chasse des coléoptères sont ceux énumérés plus haut pour la chasse des insectes en général : des bouteilles de chasse avec sciure de bois, des pinces, une ombrelle ou parapluie, un filet-fauchoir ou troubleau, un écorçoir. Pour certaines chasses spéciales, il faut emporter un filet à papillons et un tamis; nous décrivons plus loin cet instrument.

Chasse.

Les coléoptères peuvent se chasser pour ainsi dire toute l'année, et leurs nombreuses espèces sont répandues partout, liées toujours à la constitution géologique du sol et par conséquent à sa flore.

Sous les pierres on trouve des coléoptères presque toute l'année, surtout au printemps et en automne; mais quand on soulève une pierre il faut bien regarder sa face retournée, creuser la terre tout autour, arracher les herbes et les secouer dans le parapluie ou sur la nappe et envoyer de la fumée de tabac dans les fissures du sol. C'est aussi comme cela qu'il faut procéder autour des vieilles palissades, au pied des arbres, au pied des murs.

La plus grande patience est nécessaire si l'on veut mener à bien ses recherches. C'est souvent en passant plus d'une heure à plat ventre le long d'une souche, en enfumant et en grattant patiemment le sol que l'on fait des trouvailles inespérées.

Les vieux arbres comptent parmi les meilleures stations pour les insectes et ce sont aussi les endroits de chasse les plus aimés des chasseurs méticuleux et actifs.

Là tout est à examiner : les écorces soulevées abritent toujours quelque chose; la fumée de tabac fait sortir quelque bête des trous profonds; au pied du tronc sont enfouis des carabiques et des staphylins, des longicornes courent sur les branches d'où ils tombent dans le parapluie avec des charançons, des taupins.

Dans le terreau, lors des pluies qui suintent on trouvera des scarabées, des nitidules; une journée entière peut être employée à visiter un vieil orme ou un vieux chêne sans que le chasseur ait à regretter cet emploi de son temps.

Les très vieux arbres fruitiers sont également des gîtes recherchés des insectes; il en est de même de la plupart de nos arbres indigènes, car les essences importées depuis plus ou moins de temps ne fournissent en général que peu d'espèces.

Il ne faut pas se borner à soulever les grosses pierres, il faut retourner les plus petites, les débris de toutes espèces, les pièces de bois, les vieux tessons, voire les vestiges des paillassons, les vieilles chaussures, les tas d'herbes. Ceux que les cultivateurs rejettent sur le bord de leurs champs sont particulièrement intéressants : dessous on trouvera des carabes, des charançons, nombre d'autres insectes.

En forêt, il faut visiter les tas de bois, surtout ceux qui tombent en décomposition; dans le terreau ainsi formé on trouve des scarabées, des cétoines, des longicornes ou leurs larves que l'on peut élever en ayant soin de les conserver dans le terreau assez frais pour qu'elles ne dessèchent pas, mais pas trop humides, sans quoi la moisissure les tuerait.

Élevage des larves.

Au reste, d'une façon générale nous ne saurions trop recommander l'élève des larves, c'est la seule manière d'obtenir bien des insectes rares et en tout cas toujours frais. Ainsi quand on trouve quelque brindille perforée et paraissant vermoulue, on fait bien de la ramasser et de la mettre dans un bocal bouché par un diaphragme de gaze. Il n'est pas rare qu'à la belle saison l'on soit tout surpris de voir quelque joli xylophage, un longicorne ou quelque parasite se promener dans le récipient. En emmagasinant ainsi en hiver des brindilles de lierre on est sûr d'obtenir en été des éclosions de l'*ochina hederæ*, du *kissophagus hederæ* et de leurs parasites. Cette méthode donne d'excellents résultats pour les nombreux insectes habitant les champignons. Aussi

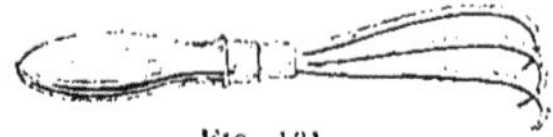

FIG. 131.

Griffe servant à arracher
les mousses.

quand on rencontre quelqu'un de ces cryptogames fourmillant d'insectes ne faut-il pas le briser. On le détache doucement et on le met dans la poche du filet-fauchoir, puis on s'assied par terre, on met le sac sur ses genoux et on recueille tranquillement tout ce qui sort. Après quoi on met le champignon dans une boîte ou dans un sac.— Quelques petits sacs en toile, serrés par une bonne coulisse, sont très bons à emporter, et rentré chez soi on dépose le champignon dans une boîte en carton. On n'a plus qu'à le visiter de temps en temps et à prendre les insectes qui sortent, au fur et à mesure de leur éclosion, et qui se promènent généralement sur la face intérieure du couvercle.

Chasse dans les mousses.

Beaucoup d'insectes vivent dissimulés sous les plaques épaisses de mousses qui recouvrent le pied des arbres; on peut arracher ces tapis végétaux avec les mains; mais il est plus pratique de se servir de ces griffes employées pour les jardiniers, et que l'on trouve chez les quincailliers (*fig.* 131).

Certains amateurs ont une griffe ainsi construite, dont la douille peut se visser sur le manche du troubleau ou filet-fauchoir, ce qui leur permet de détacher les plaques de mousses situées hors de la portée de la main, de fourrager dans les feuilles sèches et les détritus sans risque de se piquer les mains aux épines ou de s'exposer à la morsure des reptiles.

Il ne faut pas négliger, dans les forêts, de détacher les tiges de lierre qui grimpent le long des troncs; ainsi l'on trouve beaucoup de carabes qui, notamment en été, se mettent là pour trouver abri et fraîcheur. Ces carabes doivent toujours être pris avec précaution, non que leur morsure soit à craindre, mais parce qu'ils projettent brusquement, par leur extrémité postérieure, un liquide corrosif, et cela à la distance de 2 ou 3 mètres. Quelques gouttelettes reçues dans l'œil occasionnent une douleur vive, mais heureusement passagère.

On peut chasser dans les mousses à peu près en toute saison, car les insectes y hivernent volontiers, s'enterrant plus ou moins profondément dans le terreau sous-jacent.

Pour trouver les petits coléoptères, on usera du procédé suivant. On se munira d'une nappe ou toile ou, à son défaut, d'un morceau de papier blanc, ou tout simplement d'un journal), et d'une passoire à trous moyens (environ 3 mm. de diamètre). On prend une poignée de mousse que l'on jette dans la passoire, et l'on agite vivement celle-ci au-dessus de la nappe et du papier. Les débris végétaux, les brindilles restent dans la passoire, mais les insectes tombent par les trous et on les recueille facilement.

La chasse à la passoire donne également de très bons résultats au bord des eaux, pour tamiser les détritus d'inondations. C'est dans ces petits amas végétaux que l'on fait, en hiver, les meilleures récoltes, surtout aux derniers jours de froid, quand les eaux d'inondation commencent à se retirer. Une bonne précaution est d'aller à cette chasse avec un fort sac en toile, que l'on remplit des détritus ramassés à poignées. Rentré chez soi, on dispose ces débris dans des boîtes en carton, dans des bocaux, et l'on récolte au fur et à mesure les insectes qui sortent.

Boîtes d'élevage.

Ces prisons pour insectes sont susceptibles d'aménagements divers. Un des plus pratiques consiste en une boîte de bois fermant bien, un peu grande, dont une des parois latérales est

Fig. 132.
Boîte d'élevage.

percée d'un trou rond. Par ce trou on fait passer à frottement dur un bouchon de liège, qui arase cette paroi à l'intérieur, et par ce bouchon passe le col d'une bouteille ou cornue en verre de dimensions moyennes, le goulot du col ne devant pas dépasser le bouchon non plus que la paroi. Dans cette caisse, on met les détritus, les champignons, les bois vermoulus, les tiges de plantes que l'on suppose renfermer des insectes. La profonde obscurité de la caisse ne laisse filtrer qu'un point lumineux, l'ouverture de la cornue. Les insectes qui éclosent ou qui sortent ne tardent pas à grimper vers cette lumière, ils vont à la cornue et tombent au fond de la panse, où on les voit s'agiter. Il suffit de dégager la cornue pour prendre l'insecte, puis de la remettre en place. Il ne faudra pas négliger complètement de regarder, de temps en temps, dans la caisse, pour prendre certains insectes qui auraient pu demeurer cachés dans l'obscurité où ils se plaisent.

Pièges.

Au reste, la plupart des insectes coléoptères se laissent attirer par la lumière, et l'on peut profiter de cette habitude pour leur

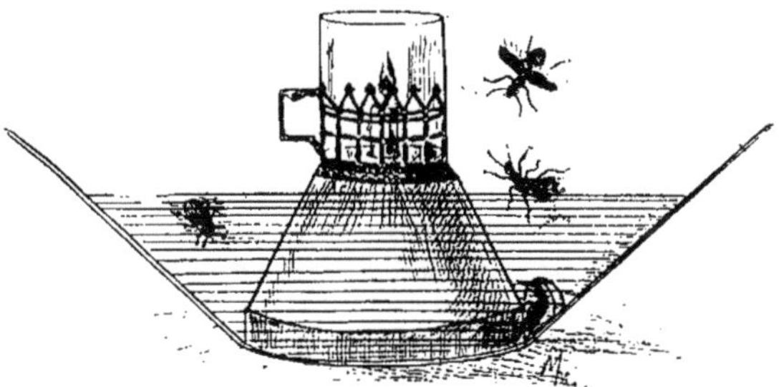

Fig. 133.

Piège pour insectes nocturnes.

tendre un piège qui rendra les plus grands services pendant la belle saison, surtout quand la lune ne brille pas et quand le temps est lourd. On dispose vers neuf heures du soir, dans un jardin ou dans une pièce près d'une fenêtre ouverte, une cuvette à moitié pleine d'eau. Au milieu de cette cuvette, sur un pot à confitures renversé ou toute autre base, on dresse une lanterne qu'on laisse allumée toute la nuit, sans plus autrement s'occuper du piège. Le lendemain matin, on trouve toujours un plus ou moins grand nombre d'insectes qui se sont laissés tomber dans l'eau d'où ils n'ont pu sortir. Mais, comme ces animaux résistent à la noyade pendant des heures et des jours, il est bon de les jeter tous, morts ou non, dans le flacon à sciure de bois avec quelques gouttes de benzine. Une modification plus ingénieuse de ce piège consiste

à enterrer dans un jardin ou dans un bois une grande terrine,
bien vernissée intérieurement; il ne faut pas que les bords
dépassent la surface du sol. On la remplit à moitié d'eau, et l'on
dispose une lumière au milieu. La récolte ainsi obtenue sera bien
plus belle, car l'on aura la chance que beaucoup d'insectes
nocturnes absolument terrestres se laisseront choir dans la terrine,
tandis qu'avec le premier procédé on ne peut capturer que les
insectes ailés qui tourbillonnent autour de la lumière.

C'est, du reste, une habitude des insectes nocturnes de courir
avec tant de précipitation sur le sol, qu'ils tombent sans cesse dans des trous, et pour leur faire
un piège la lumière n'est pas indispensable. Un
pot à fleurs dont on aura bouché le trou du fond,
une cloche à melon, un vase quelconque, enterrés au ras du sol et remplis d'eau à moitié,
fourniront toujours des insectes. Il est utile de
mettre de l'eau, pour que les insectes carnas-
siers, inquiétés par le danger, ne dévorent pas
leurs compagnons. C'est ce qui arrive dans les
tranchées des sablonnières, où tombent toujours
des carabes qui mangent tous les autres insectes

Fig. 134.

Tamis pour la
chasse des pe-
tits coléoptères.

jusqu'à ce qu'ils soient eux-mêmes dévorés par les crapauds que
le hasard fait choir dans ces oubliettes. Les sablonnières, les
carrières à ciel ouvert sont des endroits excellents à explorer, et
il est bon, quand on est à proximité d'une sablonnière, d'y creuser
de petites fosses à parois bien verticales, et de mettre quelque
appât, comme un morceau de fromage de gruyère, dont l'odeur
attire les insectes.

Il faut, quand on est à demeure dans un endroit, ne jamais
négliger de fabriquer des appâts de toute sorte: fruits pourris,
cadavres de petits animaux, vieux paillons de bouteille humides,
moûts et marcs de fruits, vieux os, débris de pain moisi, etc. On
dispose cela dans quelque petit coin abrité, sous une pierre, en
ayant soin de bien rendre la terre meuble au-dessous, pour que les
insectes puissent s'y enfoncer. Ce qui est mieux encore, il faut
disposer sous ces appâts un plat rempli de terre, de telle sorte que
les bêtes fouisseuses ne puissent pas s'enfoncer trop avant, et
qu'on les retrouve facilement. Les petites masses de fumier for-

ment aussi d'excellents abris où se réfugient les insectes. Il faut tamiser avec soin ces détritus.

Chasse au tamis.

Pour tamiser les mousses, les débris végétaux, beaucoup d'amateurs préfèrent à la passoire un crible ou tamis qui présente l'avantage de tenir peu de place et de se loger dans la gibecière. Sur un cercle de fort fil de fer soudé ou fixé par une ligature, on coud, avec du fil de fer recuit, un disque de toile métallique à mailles moyennes, de 3 mm. environ de côté. Ce disque ainsi soutenu, on le recoud par ses bords après un manchon de toile, et, ce qui est meilleur, de molesquine dont on laisse la partie vernie occuper l'intérieur. La hauteur du manchon doit être d'environ 30 cm., le diamètre du disque étant de 20 cm. Le manchon est soutenu, à son ouverture béante, par un fil de fer formant cercle passant dans une coulisse; mais ce fil de fer peut être avantageusement remplacé par une forte ganse bien coulissée, permettant de clore le crible complètement (*fig.* 134).

Ce crible rend beaucoup de services, notamment pour l'exploration des fourmilières, où vivent beaucoup de coléoptères parasites toujours intéressants et rares. Quand on veut tamiser une fourmilière, il faut, avec une pelle ou avec ses mains, enlever vivement et jeter dans le sac du crible tout, habitation, terreau, fourmis. Puis, on ferme bien le sac, pour que les fourmis ne vous envahissent pas, et l'on secoue sur la nappe. On voit alors tomber une poussière noirâtre ou roussâtre, dans laquelle il faut chercher les coléoptères qui, grâce à leur petite taille, ont passé par les mailles, tandis que les fourmis et les matériaux de leur nid ont été retenus.

Chasse sur les plantes.

La recherche des insectes sur les plantes doit être le résultat de quelques notions botaniques et de connaissances plus ou moins approfondies des mœurs des animaux. D'une façon générale il faut

visiter avec soin tous les végétaux en fleur, surtout les ombellifères
et les labiées. A la base des plantes vivent enterrés, pendant le
jour, nombre d'insectes qui viennent les ronger pendant la nuit; il
faut arracher les plantes qui sont sur les talus exposés au soleil,
celles dont les racines à moitié déchaussées forment des retraites,
et les secouer sur la nappe. Pour les grands végétaux à tige fistu-
leuse, il est bon de les fendre doucement avec un couteau,
au-dessus de la nappe, de manière à recueillir les insectes qui
habitent à l'intérieur. Si l'on y voit des larves et des nymphes, il
faut bien reficeler la tige, l'emporter avec soi et la mettre dans un
bocal ou une boîte, en ayant soin de l'envelopper pendant quelque
temps d'un linge humide pour empêcher la complète dessiccation.
On pourra obtenir des insectes d'éclosion.

Insectes d'eau.

Beaucoup de coléoptères vivent dans les eaux douces, particulièrement dans les mares, les fossés herbeux, les étangs, mais on
les trouve aussi dans les ruisseaux, les cours d'eau plus importants. Certaines espèces du littoral marin se laissent recouvrir
complètement à marée haute et mènent une existence semi-aqua-
tique. Les insectes d'eau se prennent au moyen du troubleau,
mais dans les petites mares, les ornières profondes, on peut se
servir d'une passoire. Si l'on n'a avec soi qu'un filet à papillons,
on peut aussi s'en servir pour pêcher, mais alors faut-il que la
poche soit faite de gros crêpe non apprêté, qui ne s'abîme pas au
contact de l'eau. Il faut pêcher de préférence dans les mares her-
beuses et ramener dans son troublcau le plus possible des végétaux tapissant les bords et le fond. On choisit une place où la
terre soit à peu près nette, on la bat au besoin avec le pied: c'est
là qu'on vide le contenu du filet après l'avoir égoutté. Puis,
patiemment, on attend que les insectes se dégagent du lacis végétal et on les prend à mesure. Quand le troubleau est sorti de
l'eau avec sa charge d'herbes, on en tord le sac jusqu'à ce que la
masse serrée ne rende plus d'eau. On a déplié sa nappe et on l'a
étalée par terre. Sur elle on vide le contenu du filet que l'on épar-
pille, et, en se mettant à plat ventre, on récolte les insectes

qui s'échappent de tous côtés. Tous ces hydrocanthares et palpicornes ne sont pas en général bien lestes, leurs pattes conformées pour la natation ne leur permettent pas une marche facile. Il faut éviter de saisir les grands hydrophiles à pleine main, car la pointe aiguë de leur sternum ne laisse pas que de piquer fortement.

Il faudra faire attention, en ramenant diverses plantes aquatiques, qu'elles portent attachées après elles des coques renfermant des coléoptères, comme les donacies et les hémonies; recueillir ces coques ovales et les ouvrir avec des ciseaux fins.

Dans les cours d'eau rapides, blottis sous les pierres où ils s'accrochent par leurs griffes, vivent de curieux coléoptères de petite taille qui sont toujours intéressants. Il faut enlever ces pierres et les examiner avec attention. Au bord des eaux vit tout un monde d'insectes, dissimulés sous les détritus végétaux, sous les pierres, les pièces de bois. Lorsqu'au bord d'une mare le sol est bien uni, il faut avoir soin de masser les amas de plantes arrachées par le troubleau, de manière à en former de petits tas que l'on reviendra explorer quelques jours après : en les retournant on trouvera toujours des insectes, carabiques, staphylins, etc.

Beaucoup de coléoptères vivent enfouis dans le sable ou le sol des berges et s'y creusent des puits. Pour les faire sortir, il faut longuement piétiner le sol ou bien jeter de l'eau dessus. Sur la croûte grise ou verdâtre des marais desséchés, pendant l'été, il est rare qu'en piétinant l'on ne fasse pas sortir de carabiques. Il faut procéder de même au bord de la mer et visiter les paquets d'algues abandonnés à marée basse : on y trouvera de nombreux coléoptères, dont les staphylins du genre *caffius* sont certainement les plus lestes, car ils s'envolent comme des mouches lorsque le soleil est chaud. Les premières heures du matin sont le moment le plus favorable pour cette chasse, comme pour celle des *cicindèles*, qui volent sur le sable et qu'on ne peut prendre qu'avec un filet à papillons, tant elles sont lestes. Parfois, démuni de cet instrument, on en est réduit à les abattre, au moment où elles s'envolent, avec une poignée de sable adroitement lancée; il faut alors saisir rapidement l'insecte dont l'étourdissement sera court. Plus le soleil est chaud, plus ces cicindèles sont difficiles à capturer.

Espèces stercoraires et créophages.

Il est, enfin, tout un peuple de coléoptères d'habitudes sordides qui passent leur vie dans les substances stercoraires, les bouses, les excréments de tous les animaux. Certaines espèces sont très rares, comme cet *aphodius cervorum* qui vit exclusivement dans les grandes forêts, où on le trouve dans le crottin des cerfs, jamais ailleurs. Pour récolter tous ces insectes, bousiers, géotrupes, etc., il faut prendre quelques précautions; on les saisit avec des pinces, d'autant que, sans compter leurs habitudes assez sales, ils sont encore couverts de petits acariens qui grouillent sur leur corps. La plupart d'entre ces scarabées s'enfoncent profondément dans le sol sous la bouse qui les attire, et il faut creuser assez profondément avec l'écorçoir pour les découvrir.

D'autres coléoptères ne vivent que sur les cadavres d'animaux de toute taille ou enfouis autour, comme les nécrophores noirs à bandes orangées, que l'on voit souvent occupés dans la campagne à enterrer, de concert, un rat ou une taupe morte. Suivant le degré de décomposition du cadavre, les insectes visiteurs varient, et lorsqu'il est complètement dépouillé on voit encore arriver des clavicornes, etc., qui attaquent les os et les ligaments. Aussi, comme toutes les substances animales ou végétales sont attaquées par les insectes, peut-on chasser même chez soi, et l'on trouve dans une maison un peu ancienne plus d'une vingtaine d'espèces de coléoptères sans compter les autres ordres. Nous avons vu, en parlant des récoltes et de l'étude des champignons, dans la partie botanique du livre, tout ce qu'il y avait à étudier dans une cave : la faune n'est pas moins riche que la flore.

Insectes des lieux obscurs et des cavernes.

Les écuries, les bergeries doivent être aussi explorées. En grattant au pied des murs, on trouvera nombre de petits coléoptères intéressants. Mais bien plus merveilleuse est cette faune des grottes et des cavernes, où de nombreuses espèces de coléoptères aveugles et décolorés, couleur d'ambre, vivent dans des ténèbres épaisses. Mais c'est une chasse difficile, subordonnée à de longues excursions souvent périlleuses. A ceux qui voudront l'entreprendre disons qu'il faut déployer beaucoup de sagacité et de patience, retourner plusieurs fois dans la même grotte, y disposer des pièges et des appâts tout comme nous l'avons dit plus haut. Les débris de torches jetés par les guides sont déjà d'excellents abris pour ces insectes, dont la petite taille rend encore la recherche plus difficile.

Enfin, pendant la belle saison, il est utile de disséquer des crapauds et des oiseaux insectivores comme les engoulevents, martinets et hirondelles, tous animaux qui avalent les insectes sans les diviser. Dans leur jabot, dans leur estomac, on trouvera parfois des insectes rares, comme le *bolboceras gallicus*. Ce curieux scarabée vit dans les truffes : on peut le prendre au mois d'août en suspendant à une branche d'arbre un flacon profond au fond duquel on a mis une truffe dont l'odeur suffit pour attirer l'insecte. Pour d'autres espèces, on peut faire des pièges similaires avec des champignons.

X. — PRÉPARATION DES COLÉOPTÈRES.

Notions générales.

Quand on ne peut préparer de suite ses chasses, il faut les conserver dans la sciure de bois, mais cette sciure doit être préparée avec soin et il est bon de s'en faire une petite provision. On se procurera de préférence de la sciure de peuplier que l'on passera dans une passoire comme nous l'avons dit plus haut. Ensuite on la jettera dans l'eau bouillante pour la débarrasser des impuretés. Quand elle sera bien sèche on la lavera dans de l'alcool, on la fera sécher, au four si possible; puis on l'imprégnera, très légèrement, d'acide phénique.

Lorsque, revenu de la chasse, on aura vidé ses flacons sur une feuille de papier buvard et tiré au moyen d'une pince douce et fine les insectes par ordre de taille, on prendra de petites boîtes en bois et on les remplira successivement en faisant alterner un lit de sciure de bois avec un lit d'insectes. On ne mêlera jamais les petits aux gros. Pour les gros insectes, il ne faut jamais les empiler en trop grand nombre dans une même boîte; aussi devra-t-on ne jamais prendre un format plus grand que celui de la boîte à cigares, dite *à demi-londrès*, que l'on trouve à 10 centimes pièce chez tous les débitants, et que nous recommandons. L'odeur de tabac dont elle est imprégnée est déjà un préservatif contre les insectes parasites. Les petits coléoptères devront être mis dans des boîtes à pilules de 6 à 7 cm. de diamètre sur 2 à 3 de hauteur. On fera bien de mettre dans chaque boîte une pincée de naphtaline sublimée. Puis on collera sur son couvercle le lieu exact de la chasse et sa date. Les coléoptères ainsi emmagasinés peuvent se conserver très longtemps; on les préparera au fur et à mesure de ses loisirs ou de ses besoins.

J'ajouterai qu'il ne faut jamais craindre de prendre un grand nombre d'individus d'une même espèce, car, si savant qu'on soit, il est bien des espèces que l'on ne peut déterminer exactement à l'œil, et souvent une bête que l'on a prise pour une vulgarité était, au contraire, une rareté, rencontrée de fortune en grandes quantités et qu'on ne reverra plus jamais. D'ailleurs on doit toujours avoir une série de doubles à la disposition des amateurs avec qui on peut entamer des échanges, ce qui est le moyen le plus agréable et le plus pratique d'augmenter sa collection.

Outillage.

La préparation des coléoptères ne nécessite pas beaucoup d'instruments spéciaux. Quelques planches de liège, des épingles à insectes de diverses grosseurs, une paire de pinces molles et fines, une paire de pince à piquer, un flacon de colle, des cartes de bristol

Fig. 135.

Pinceau taillé en brosse, pour épousseter les coléoptères.

Fig. 136.

Pinceau portant une aiguille emmanchée.

un peu épais, un ramollissoir du type en usage pour les papillons, tel est le matériel indispensable. Ajoutons un pinceau fin et une aiguille emmanchée.

Quand on veut préparer les coléoptères, au retour de la chasse, on les trie, après les avoir sortis de la sciure, et on les dispose sur une feuille de papier buvard par ordre de taille, réservant ceux qui, trop petits pour être piqués, seront collés sur des paillettes de carton. Au-dessous de 8 mm. de taille, tout coléoptère doit être collé. Et il faut bien se pénétrer de ce principe qu'on ne saurait piquer les insectes avec des épingles trop fines, tous les débutants ayant une naturelle et commune propension à piquer avec de trop grosses épingles, ce qui détériore les insectes d'une façon souvent irréparable.

Précautions générales.

On s'assurera d'abord si les insectes ne sont pas secs et cassants; si leur mort remonte à quelques jours, il faut les mettre dans le ramollissoir.

A propos de cet ustensile, ajoutons que tout vase bien clos peut en tenir lieu, pourvu qu'on ait soin d'humecter le sable humide avec quelques gouttes d'acide phénique, qui écarte la moisissure. Les gros insectes très secs demandent plusieurs jours pour être ramollis parfaitement, et, en principe, un insecte ne doit pas séjourner moins de vingt-quatre heures dans le ramollissoir. Ceux qui sont déjà piqués, et dont on veut remanier l'attitude, peuvent être piqués sur le sable : il vaut mieux les piquer sur une petite planchette de liège épaisse, pour que l'humidité ne la fasse pas jouer. Ceux qui ne sont pas piqués seront mis sur un petit morceau de cotonnade ou de linge moelleux, ou sur une feuille de papier, reposant sur le sable.

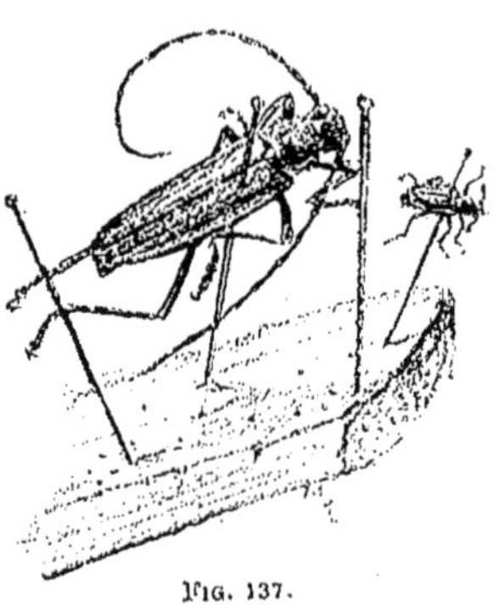

Fig. 137.

Manières défectueuses de piquer les insectes.

Les coléoptères ainsi rendus souples — on s'en aperçoit quand leurs articulations jouent facilement — ou restés frais, seront époussetés soigneusement avec un pinceau en blaireau, très mou de poils et dont on aura taillé la pointe en brosse, carrément. (*fig.* 135).

Il sera bon d'avoir plusieurs de ces petits pinceaux, de diverses tailles, certains gardant leur pointe, et tous montés sur un manche de bois léger qui à son autre extrémité portera une aiguille (*fig.* 136).

Ainsi on débarrassera les insectes des poussières et des saletés qui ternissent leur éclat, puis on procédera au piquage.

Piquage.

L'insecte placé sur une planchette de liège devant l'opérateur, la tête en avant, les pattes écartées, appuyé sur le ventre, sera piqué avec une épingle assortie de taille sur l'élytre droite, de manière à ce que l'épingle passe au sommet d'un triangle équilaté-ral, dont la base est la base même de l'élytre (*fig.* 137). La main gauche maintient la bête pour qu'elle ne glisse pas, et si les téguments sont trop durs et que l'épingle s'émousse, on fera un trou à la place indiquée avec une aiguille emmanchée, toujours un peu plus fine que l'épingle qui la remplacera. On enfonce l'épingle en la tenant par la tête entre le pouce et l'index de la main droite, tandis que l'insecte repose sur le pouce et l'index rapprochés de la main gauche, jus-qu'à ce qu'elle ne dépasse plus que de 8 mm. au-dessus du dos de l'insecte. Il est très utile de s'exercer à piquer ses insectes bien à la même hauteur et surtout à les piquer droit,

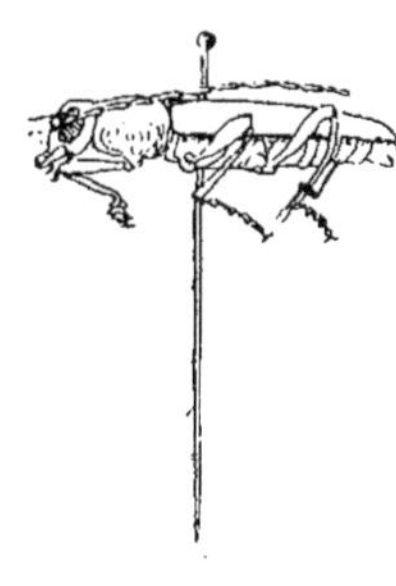

FIG. 138.

Attitude à donner aux coléoptères.

c'est-à-dire de telle sorte que l'épingle soit rigoureusement per-pendiculaire au plan du corps de l'insecte. C'est un petit talent long et difficile à acquérir, et il demande de la patience et de l'at-tention mais faute de s'astreindre à cette règle; on ne formerait qu'une collection d'un vilain aspect et déplaisante aux yeux.

L'insecte ainsi piqué ne doit pas rester avec ses pattes et ses antennes dirigées dans tous les sens; quelque attitude qu'on veuille leur donner, faut-il encore qu'elle soit symétrique. Certains amateurs, et surtout les Anglais, se plaisent à étaler les appen-dices de manière à rappeler, à peu près — et très arbitrairement — l'attitude de l'insecte vivant. Cela présente l'avantage de montrer toutes les parties de la bête, mais aussi l'inconvénient de faire tenir aux insectes énormément de place dans les boîtes où l'on ne peut les déplacer sans courir le risque de les briser, eux et leurs voisins immédiats. Aujourd'hui, en France et en Allemagne, on donne aux coléoptères une attitude plus pratique et plus agréable à l'œil. En serrant les antennes le long du corps, en ramenant les pattes sous le ventre, on ne retire rien à l'aspect caractéristique de l'insecte et on le rend beaucoup moins fragile (*fig.* 138). S'il vient à tomber, il court bien moins de risques de se casser, puisque toutes ses parties sont repliées et se protègent par les saillies de leurs articulations les plus solides.

Pour arriver à donner à un coléoptère cette attitude, on le pique solidement sur une planchette de liège, puis on place toutes les pattes, les antennes, comme elles doivent rester défi-nitivement et on les cale avec des épingles piquées tout autour de l'insecte en aussi grand nombre qu'il faut (*fig.* 139). Au bout de deux jours ou plus, suivant la taille de l'insecte, la dessiccation est complète et on peut introduire le coléoptère ainsi préparé dans la

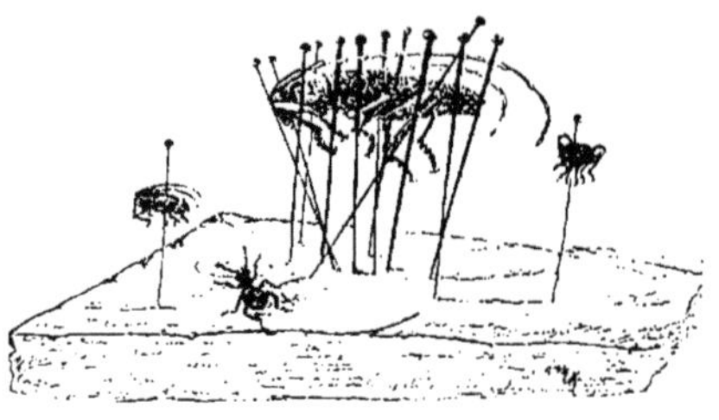

FIG. 139.

Disposition pour obtenir une attitude correcte.

collection. Les antennes minces, longues, fragiles de certaines espèces, comme les cicindèles, sont très difficiles à bien disposer; on peut essayer d'un moyen délicat pour les empêcher de s'enrouler comme elles le font trop souvent. On prépare la cicindèle comme tout autre insecte; quand elle est sèche, on la débarrasse de ses épingles, et avec un pinceau très mou et très fin, imbibé d'éther, on humecte doucement les antennes qu'on ramollit ainsi; puis, quand elles sont devenues suffisamment flexibles, on les allonge avec des pinces fines et molles sur des paillettes de carton, une de chaque côté, piquées par des épingles et ramenées à hauteur convenable (*fig.* 140). On a incurvé leurs bords dans leur région parallèle aux flancs de l'insecte. C'est par ces procédés minutieux — et il y en a bien d'autres — que l'on arrive à donner aux

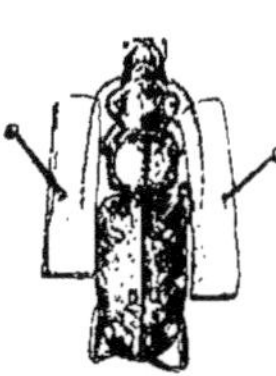

FIG. 140.

Préparation
des antennes.

insectes cette belle attitude et cette régularité d'ordonnance qui fait le charme des collections bien tenues.

Étiquettes de localité.

Le coléoptère prêt à entrer en collection doit être muni au moins d'une petite étiquette de carton, piquée sous lui, et indiquant l'endroit où on l'a pris et la date de capture. Les formes de ces petites étiquettes se font au goût de chacun et quelques-uns sont allés jusqu'à les remplacer par des *confetti*, qui peuvent servir, à la vérité, mais qui sont toujours faits de mauvais papier, et surtout mal découpés.

Étant donnée la forme générale des insectes coléoptères qui est plutôt allongée, des paillettes en parallélogramme sont ce qu'il y a de mieux (*fig.* 141), et leurs dimensions les plus naturelles, suivant la moyenne des tailles, doivent être 12 mm. sur 6 de large.

Fig. 141.

Disposition des étiquettes.

On remarquera que le coléoptère étant piqué sur l'élytre droite, c'est-à-dire d'une façon asymétrique, la paillette doit être aussi piquée légèrement à droite, suivant les dimensions de l'insecte, de façon à le dépasser de tous côtés symétriquement. S'il en était autrement et que cette paillette fût piquée au milieu, elle dépasserait fatalement à droite beaucoup plus que de raison.

Pour écrire sur ces paillettes il faut se servir de plumes très fines ; certains amateurs les font imprimer, ce qui est un luxe, utile dans les grandes collections et dans les musées, mais que le débutant peut facilement éviter en faisant ses étiquettes lui-même. Il les tracera à la règle sur du bristol un peu fort, la carte mince ayant une tendance à se gondoler et tournant sur l'épingle qu'elle n'a pas la force de serrer suffisamment. Quelques-uns, pour indiquer qu'ils ont pris eux-mêmes les insectes, leur mettent une paillette de couleur, ou noire, sans indication écrite.

Collage.

Les coléoptères de petite taille doivent être collés sur de petites paillettes de carton, montées elles-mêmes sur une épingle (*fig.* 142).

Colle.

Il faut, pour procéder au collage, se fabriquer d'abord de la colle, dont il est utile d'avoir un bon flacon dans lequel on puisera au fur et à mesure des besoins.

On choisira de la gomme arabique de bonne qualité que l'on fera dissoudre dans un peu plus de son volume d'eau distillée et bien claire, soit sur un feu doux, soit à froid.

Quand la masse sera fondue, on la passera à travers un morceau de linge tendu au-dessus d'un vase en verre, en ayant soin de remuer de temps en temps avec une petite baguette, de façon à ce que les interstices du tissu ne s'engorgent pas et laissent filtrer le liquide.

La dissolution de gomme ainsi obtenue doit être à consistance de sirop. On y ajoutera alors envi-ron un cinquième de sa masse de sucre ordinaire imbibé d'eau, on agitera doucement, puis on ajou-tera quelques gouttes d'acide phénique liquide. Ces diverses précautions sont destinées à donner du liant à la gomme par le sucre, et à lui commu-niquer une odeur persistante qui éloigne les insectes ravageurs des collections.

Quand la solution de gomme est prête, on la met dans un flacon bien bouché, dans un petit pot de pharmacie ou tout autre récipient muni d'un couvercle; on en garde une petite provision dont on se sert couramment.

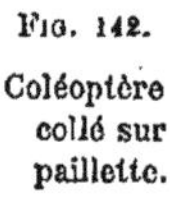

Fig. 142.

Coléoptère collé sur paillette.

Paillettes.

Les paillettes de carton doivent être découpées en petits rectangles que l'on a préalablement tracés à la règle sur une feuille de bristol. Les cartes de visite un peu épaisses sont pour cela d'un excellent usage; il faut éviter d'employer celles qui sont glacées, parce que la composition chimique qui les recouvre noircit sous la colle et produit un vilain effet.

Procédés pratiques.

Voici les meilleures dimensions à donner à ces petits cartons suivant la taille des insectes qu'on doit y coller (*fig.* 143).

Quand on veut coller un insecte, on le nettoie bien avec le pinceau fin, puis, avec une épingle enfoncée par sa pointe dans un petit manche en bois, de manière à ce que ce soit la tête qui recueille la gomme, on met une goutte de gomme, toujours beaucoup plus petite que l'insecte, au milieu de la paillette de carton. Saisissant alors l'insecte avec des pinces fines ou en le happant avec la pointe du pinceau légèrement mouillée, on l'applique sur le petit carton où il demeure collé par le ventre. Quand il adhère bien on dispose avec une fine aiguille emmanchée (*fig.* 144) les pattes et les antennes, que l'on n'a pas besoin de ramener sous le corps, mais qu'il est bon d'étaler autour sans toutefois leur faire dépasser les bords de la paillette, sans quoi les parties débordantes seraient exposées à des chocs qui pourraient amener des accidents (*fig* 145). Un insecte ainsi préparé présente l'avantage de montrer toutes ses

FIG. 143.

Petits insectes collés sur paillettes de carton.

FIG. 144.

Épingle emmanchée servant au collage des petits insectes.

parties, et si l'on veut faire voir le dessous, on peut prendre des individus de la même espèce et les coller sur le dos. Pour les espèces dont les caractères spécifiques sont situés sur la face ventrale, on a inventé divers systèmes ingénieux de paillettes ajourées

FIG. 145.

Disposition de l'insecte
sur la paillette de carton.

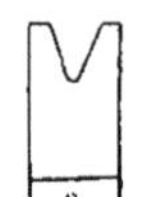

FIG. 146.

Paillettes ajourées
permettant l'examen
du dessous de l'insecte.

FIG. 147.

A, Paillette en triangle;
A', La même avec l'insecte
collé au sommet.

au milieu ou à l'extrémité (*fig.* 146). Mais ces dernières surtout sont difficiles à bien découper. On a aussi employé des paillettes étroites découpées en long triangle dont le sommet, enduit de gomme, retient l'insecte collé (*fig.* 147). Nous ne recommandons pas tous ces systèmes. Il est préférable d'employer des rectangles ordinaires et, quand on veut étudier l'insecte, de le décoller en le ramollissant.

Ramollissement.

Mais ce qu'il y a de mieux pour remanier les insectes collés, c'est assurément le moyen préconisé par Bedel et autres entomologistes expérimentés. On plonge paillette et insecte dans un bain composé d'un tiers d'ammoniaque et de deux tiers d'eau distillée. L'eau ordinaire, à moins qu'elle ne soit très claire, donne de mauvais résultats. parce qu'elle forme avec l'ammoniaque des précipités de toute espèce qui salissent les insectes. Au bout de quelques instants l'insecte décollé vient flotter à la surface du bain. On le recueille, on le nettoie sur un papier buvard avec un pinceau, et, comme toutes ses parties sont redevenues flexibles, on peut l'étudier à son aise et le repréparer à son goût.

Nous ne saurions trop recommander cet excellent procédé de la solution d'eau ammoniacale, sur lequel nous reviendrons prochainement en parlant du nettoyage des insectes.

Procédés divers.

M. François, zoologiste et voyageur connu, a trouvé un ingénieux petit procédé pour bien disposer sur les paillettes les insectes dont le ventre est très saillant, ou ceux qui, comme certains charançons à bec très recourbé, se fixent difficilement sur le carton. Cet entomologiste colle d'abord sur le rectangle de carte un petit coussinet de carton plus ou moins épais suivant les besoins. Voici par exemple (*fig.* 148) un charançon dont le rostre et la courbure postérieure de l'abdomen dépassent en saillie de 2 mm. la face ventrale. On colle sur le rectangle de carton un petit coussinet de deux ou trois épaisseurs de carte et on lui donne un peu moins de largeur que l'insecte à coller, et moins de longueur que celle comprise entre le bec du charançon et l'extrémité de son ventre. On colle alors l'insecte sur le coussinet et sur la paillette : il prend une excellente attitude. Autrement il se serait couché plus ou moins obliquement et aurait toujours eu mauvais aspect.

Fig. 148.

Disposition d'un charançon sur une paillette.

Quand un insecte se raidit sur ses pattes, comme cela arrive pour la plupart des petits carabiques, son ventre ne peut toucher la paillette ni s'y coller. Il faut alors, avec une petite lame de verre, peser dessus et laisser le verre appliqué sur son dos jusqu'à ce que la colle soit sèche. On retire alors ce poids et l'insecte reste collé au rectangle de carton. Nous recommandons le verre parce que l'opérateur voit au travers l'attitude que prend l'insecte et peut la rectifier avant qu'il ne soit définitivement collé.

Nous recommanderons de ne pas mettre trop de colle sur le rectangle. C'est là une habitude mauvaise que l'on est porté à prendre quand on débute. Il faut surtout éviter d'empoisser les pattes et les antennes dans la gomme, comme font certains entomologistes qui recouvrent la paillette d'une couche de gomme sur laquelle ils appliquent l'insecte. La colle happe celui-ci, remonte plus ou moins sur lui et l'abîme. Aussi faut-il ne pas coller un insecte avant de s'être assuré qu'il n'est pas humide, et quand on a des individus ainsi mal préparés, on doit les plonger dans la solution ammoniacale pour les préparer à nouveau.

Certains amateurs collent leurs insectes sur des rectangles de mica que les marchands naturalistes vendent tout préparés, ou sur des rectangles de papier glace ou de papier gélatine. Nous recommandons peu ces pratiques. Outre que ces paillettes sont coûteuses, elles ne présentent aucun avantage, leur transparence n'est pas suffisante pour qu'on puisse utilement examiner les insectes au travers, et le miroitement qu'elles produisent par la lumière réfléchie donne un aspect désagréable aux collections.

FIG. 149.

Brochette
d'insectes
collés.

Pour les insectes collés, les paillettes de localités sont nécessairement aussi utiles que pour les insectes piqués. Ces paillettes peuvent être des rectangles semblables à ceux sur quoi sont collées les bêtes, et on les pique à l'épingle de la même manière, ce qui est plus régulier et plus propre. Les insectes collés peuvent se disposer en brochettes, ce qui économise des épingles et de la place. Quand on a un certain nombre de coléoptères venant d'une même chasse, on les colle chacun sur une paillette (*fig.* 149) et on enfile toutes ces paillettes, puis une de localité, sur la même épingle.

XI. — COLLECTION DE COLÉOPTÈRES.

Les boîtes.

Pour ranger une collection de coléoptères il faut employer des boîtes ou cartons à fond liégé, moins grands que ceux destinés aux papillons. Ces insectes peuvent se serrer et tiennent en somme peu de place. On divisera avec un compas et une règle sa boîte en colonnes larges de 6 à 7 cm. environ, un peu plus larges pour les grosses espèces, de manière à faire des rangées de huit à dix individus par espèce. Il est utile d'avoir un certain nombre d'exemplaires à cause des variations individuelles, des différences sexuelles, tous caractères que l'on apprendra à reconnaître au fur et à mesure que l'on étudiera ces intéressants animaux. Voici l'aspect que doit présenter une boîte bien rangée d'une collection d'insectes coléoptères (*fig.* 150).

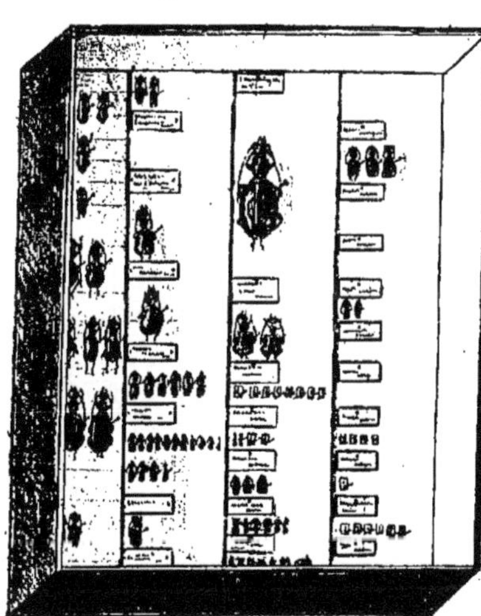

FIG. 150.

Aspect d'une collection de coléoptères bien rangée.

Étiquettes.

Pour les étiquettes que l'on fixe au fond des boîtes avec ces petites épingles dites camions, on peut les tracer soi-même avec une règle et un tire-ligne ; mais il est bien inutile de leur faire des cadres.

Ce qu'il y a de mieux, c'est de prendre du papier fort, carte, bristol, quelconque, de trois teintes et de découper suivant les teintes ces étiquettes d'après trois formats. Le plus grand sera destiné aux tribus, le moyen aux genres, le plus petit aux espèces ; le nom de la famille s'écrira sur une étiquette collée sur la boîte. Quant aux petites étiquettes de genres et d'espèces, on peut les fixer par une seule épingle camion plantée en leur milieu. Si la carte ou le papier sont assez forts, l'étiquette ne risque pas de tourner.

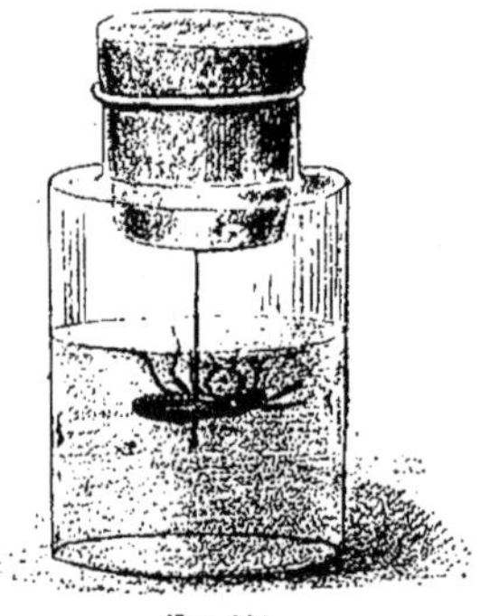

FIG. 151.

Immersion d'un insecte avarié dans la benzine.

Au reste, pour la disposition des collections il faut laisser chaque amateur libre d'installer ses boîtes et ses insectes suivant la méthode qu'il juge la plus commode ; l'expérience lui apprendra vite à ranger comme la grande majorité des entomologistes.

Ce qu'il faut seulement observer dans tous les cas, c'est la fermeture bien exacte des boîtes, leur visite fréquente, leur entretien consciencieux. Une collection souvent visitée est par cela même à l'abri de bien des risques, car les insectes parasites demandent à ne pas être dérangés.

Pour les moyens à employer contre eux, bornons-nous à dire qu'ils sont les mêmes que pour la collection de papillons.

Réparation des insectes brisés.

Les coléoptères, bien que solides, séchant facilement, se conservant avec facilité, n'en sont pas moins sujets à des accidents. Tout comme les papillons, il leur arrive de tourner au gras, de se couvrir d'une exsudation sirupeuse, de mites, d'acariens. L'insecte attaqué doit être sans retard retiré de la collection et plongé dans la benzine, où il doit séjourner de vingt-quatre à quarante-huit heures. Pour cela il faut posséder un flacon à large goulot, mais haut de 7 ou 8 cm. au plus, et il doit être plein du liquide préservateur (*fig.* 151). Après le bouchon on pique la bête attaquée. Une fois retirée du bain, elle doit être séchée sur du papier buvard, essuyée doucement avec un blaireau très doux, et quand la benzine est bien évaporée, il est utile de traiter encore l'insecte par l'eau ammoniacale, ce qui ramollira ses parties et permettra de le nettoyer plus facilement. Pour certains coléoptères à fond jaune clair ou presque blanc comme certaines cicindèles, nous recommanderons de les traiter exactement comme des papillons tournés au gras, par la benzine et la terre de Sommières. (Voyez page 135.)

Quand on reçoit des insectes ayant séjourné dans l'esprit-de-vin, il ne faut jamais les piquer au sortir du flacon. On doit les laver plusieurs fois à grande eau, les sécher sur un papier buvard et les laisser dans une boîte en bois pendant quelques jours jusqu'à ce qu'ils aient perdu toute trace d'humidité. On peut alors les mettre dans le ramollissoir, les y laisser plusieurs jours — en prenant soin de phéniquer le sable pour empêcher la moisissure — puis les préparer définitivement. Les insectes carabiques tués et conservés dans l'alcool gardent une raideur de membres qui rend leur préparation définitive très difficile.

Inconvénients de l'alcool.

Du reste, la chasse à l'alcool doit être faite avec précaution et seulement quand on ne dispose ni de benzine ni de sciure. Il faut employer de l'alcool n'ayant pas plus de 45° centigrades et ne jamais jeter les insectes dans une trop grande quantité de liquide, car beaucoup d'espèces ailées ouvrent leurs élytres, déploient leurs ailes, et il devient presque impossible de les repréparer plus tard d'une manière satisfaisante. Pour les grosses espèces, il faut toujours les mettre ensemble et bien les tasser; quant aux petites, il faut les disposer dans de petits tubes remplis à moitié d'alcool, de manière à ce qu'elles baignent bien dans le liquide sans cependant y flotter, et l'on peut faire le plein avec un tampon de coton bien imbibé d'alcool, de façon à ce que le liquide ne tarisse pas.

Repiquage.

Quand on doit repréparer des insectes piqués de travers ou par des épingles trop grosses, il faut commencer par les ramollir; puis, lorsqu'ils sont bien souples, on les dépique et on les repique dans le même trou avec des précautions pour faire ressortir en dessous l'épingle bien droite. Si le trou, tout en étant bien droit à travers le corps de l'insecte, est trop grand, il faut s'essayer à le boucher, ce qui est toujours très difficile. Après avoir passé par le trou une épingle de taille convenable, on la fait pénétrer très avant, puis en la tenant par la tête on fait descendre l'insecte, les pattes en l'air, jusqu'à ce qu'il vienne reposer sur les doigts qui tiennent l'épingle. On prend alors de la main libre une aiguille emmanchée avec laquelle on recueille un peu de vernis à la gomme laque dont nous avons parlé pour la réparation des papillons. Quand la goutte de vernis est arrivée à consistance sirupeuse, on l'étend avec soin sur la partie de l'épingle dépassant le ventre de l'insecte, pour donner à celle-ci un peu plus d'épaisseur, et, quand on est arrivé à ce résultat, on retourne l'épingle, on fait doucement descendre l'insecte jusqu'à ce qu'il soit arrivé à la hauteur convenable et on laisse sécher la gomme laque — ce qui se fait très vite — en tenant toujours l'épingle inclinée pour que l'insecte ne descende plus. Quand le coléoptère est bien fixé à l'épingle, sur laquelle il ne tourne plus, l'opération est terminée. Plus tard on pourra ramollir l'insecte sans courir le risque de voir l'épingle se détacher, la gomme laque ne se dissolvant pas dans l'eau. La gomme laque du commerce doit être choisie dans les tons brun foncé ou noir; on la lavera d'abord à grande eau pour la séparer des impuretés, puis on la dissoudra dans de l'alcool aussi fort que possible.

Moisissures.

Les coléoptères moisis se nettoient assez difficilement. Il faut commencer par les ramollir, soit dans le ramollissoir à sable phéniqué, soit dans l'eau ammoniacale. Quand les membres et les antennes sont bien souples, on plonge l'insecte dans l'éther et on le nettoie avec un pinceau, ou même avec une pince molle et fine, qui sert à arracher les moisissures, lesquelles s'enlèvent parfois d'un seul coup comme une toile d'araignée.

Enfin, quand on a affaire à de très gros insectes, comme des scarabées, des cerfs-volants, des capricornes salis et moisis, on peut les nettoyer avec une brosse à dents et du savon,

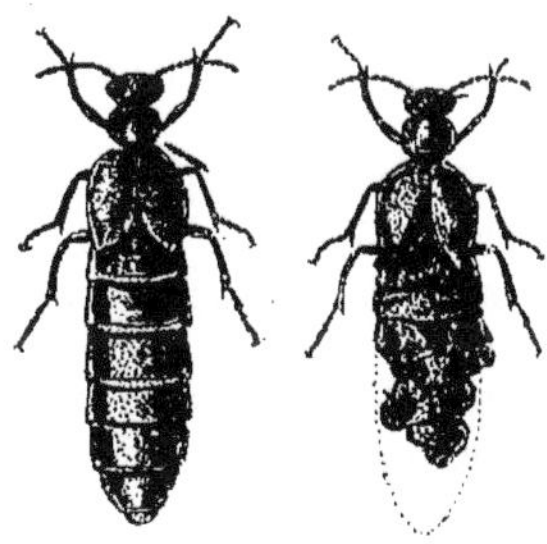

Fig. 152.   Fig. 153.

Méloé bien et mal préparé.

en ayant soin de procéder doucement; et toujours il faut avoir eu soin de les ramollir préalablement. On les essuiera avec un morceau de vieux linge très fin, parties par parties, en prenant bien garde de ne pas accrocher les épines, les éperons des pattes, et de ne rien arracher. Avec quelque pratique, on s'apercevra vite que les coléoptères sont en général peu fragiles et peuvent se remanier facilement.

Empaillage.

Certains coléoptères, mais c'est le petit nombre (genre méloé), présentent un énorme abdomen gonflé d'œufs et de substances liquides, qui, en se desséchant et s'évaporant, obligent les tissus

à se gondoler, à se déformer, de telle sorte qu'une femelle de méloé
desséchée présente le plus vilain aspect (*fig.* 153). Pour remédier
à cela, les précautions suivantes doivent être observées. Quand on
trouve ces insectes à la chasse, il faut les plonger dans un flacon
plein d'alcool très fort, et les y laisser séjourner plusieurs jours jusqu'à ce qu'ils se soient bien durcis. Ou bien, revenu de la chasse,
on retirera ces méloés de la sciure, on leur fendra le ventre en dessous avec des ciseaux fins et on le videra. Puis on le bourrera,
au moyen de pinces fines, avec du coton haché très fin, jusqu'à
ce qu'on lui ait rendu son volume et sa forme. On dispose ensuite
le méloé piqué sur l'élytre droite, comme tous les coléoptères, et
on le cale sur une planchette de liège en le maintenant avec des
épingles, comme nous l'avons expliqué au commencement de la
préparation des coléoptères.

Les parties brisées des coléoptères doivent se recoller avec de
la gomme laque. Certains entomologistes emploient la colle forte
liquide, la gomme ou d'autres colles; mais ces procédés ont le
tort de laisser toutes les pièces ainsi recollées se désagréger dans
le ramollissoir, inconvénient que ne présente pas la gomme laque.
Et l'on ne sait jamais si l'on ne sera pas obligé, plus tard, de
ramollir n'importe quel insecte de sa collection.

XII. — ORTHOPTÈRES.

Recherche.

Ces insectes se chassent à peu près comme les coléoptères; beaucoup d'espèces, qui volent, doivent être prises au filet à papillons. Le filet-fauchoir, le parapluie sont les meilleurs instruments à employer. Encore peu étudiés, les orthoptères de France méritent tous d'être recueillis et formeront des collections intéressantes. Pour les orthoptères pseudonévroptères, dont les libellules ou demoiselles sont le type, on sait que leurs larves sont aquatiques. On pourra les élever dans des aquariums, en ayant soin de mettre sur ces vases une enveloppe de gaze; et, tout comme pour les papillons, il faudra laisser les insectes éclos au soleil pour qu'ils puissent développer leurs ailes et raffermir leur corps. On ne les piquera que quand ils seront bien à point.

On les tuera comme les papillons dans un flacon à cyanure, ou dans un grand bocal muni d'une éponge imbibée de benzine. A la chasse, les petites libellules peuvent être traitées comme les papillons et mises en papillotes, mais les grosses doivent être piquées, les pattes en l'air, dans la boîte de chasse, pour qu'elles ne puissent se détacher. On devra les prendre avec précaution, car leur morsure, nullement dangereuse, est à redouter pour sa force.

Préparation.

La préparation des orthoptères est assez difficile parce que tous ces insectes deviennent très fragiles en se desséchant et perdent non seulement leurs couleurs, mais encore leurs formes. Il faudra donc, la plupart du temps, les préparer comme les papillons, en les piquant toutefois à droite, un peu en arrière de l'écusson, et étaler les ailes sur un étaloir. Les espèces à gros abdomen devront être fendues, vidées, bourrées avec du coton comme nous venons de le dire pour les méloés. L'abdomen long et grêle des libellules est sujet à se décolorer et même à se pourrir; on a essayé divers préservatifs. Le meilleur moyen de le consolider est, quand l'insecte est encore frais, de l'enfiler avec une longue aiguille fine, dans toute la longueur de son corps, par un fil solide passant de l'extrémité postérieure au corselet, où on le coupe en dessous du corselet, au ras, sous la tête. Celle-ci se détache aussi très facilement, et on peut, à la rigueur, faire sortir le fil par le front. Mais ce moyen qui assure la solidité abîme la face de l'insecte. Avec un peu d'adresse, on peut cependant couper le fil au ras des mâchoires. Ainsi traitée, la libellule s'étale comme un papillon, et il est nécessaire de maintenir l'abdomen horizontal dans la rainure, avec des épingles croisées ou des tampons de coton. Les épingles sont préférables, parce qu'elles permettent l'aération et empêchent l'abdomen de noircir. On peut remplacer le fil par un crin de cheval, et certains amateurs détachent même l'abdomen, le vident, puis le remplissent avec une allumette de papier tordu, peinte du ton rouge, vert ou bleu, ou même doré qu'avait le ventre de l'insecte vivant. Puis une épingle de laiton, enduite de colle forte ou de gomme laque, est enfoncée dans la base de l'abdomen, et son autre extrémité s'enfonce dans le corselet. On étale ensuite la libellule. Ce procédé délicat et ingénieux permet de garder, intactes et bien colorées, certaines grandes espèces à long abdomen cylindrique jaune, bleu ou vert tendre, qui noircit en se desséchant.

Beaucoup d'entomologistes préfèrent garder les orthoptères en alcool, dans des flacons ou des tubes. Quand on n'étale pas ces insectes, il faut les piquer comme les coléoptères, à droite, près de l'épaule. Comme la plupart ont le corps mou, il est bon de les soutenir, sur le séchoir, avec des paillettes de carton, des épingles. L'expérience montrera vite les meilleurs procédés à employer. Pour toute la préparation, le ramollissement, le recollage, les procédés sont les mêmes que pour les coléoptères et les papillons.

XIII. — NÉVROPTÈRES, DIPTÈRES, ETC.

Chasse.

On les chasse au filet comme les papillons; on les prépare de même. Il faut les étaler avec soin, car les névroptères surtout sont très fragiles.

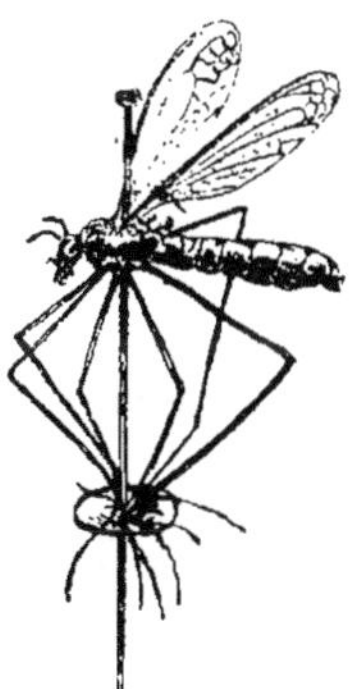

Fig. 154.

Disposition à donner aux pattes d'un diptère.

Quant aux diptères, certaines espèces à très longues pattes, comme les tipules, doivent être, aussitôt prises, tuées dans le flacon à cyanure, puis piquées délicatement.

On doit avoir, dans une petite boîte, un certain nombre de paillettes rondes ou carrées de forte carte gommée, préalablement percées d'un trou exactement de la taille de l'épingle employée.

On mouille la surface gommée, on pique la paillette sous la tipule dont on réunit tous les pieds sur la paillette, où ils restent collés, et l'on ne craint plus de les voir se détacher (*fig.* 154).

Faute d'employer ces précautions, on verrait bientôt le fond de la boîte jonché de pattes que l'on ne saurait à quel individu rapporter.

La plupart des mouches et autres insectes de formes voisines peuvent être récoltés dans le flacon à sciure, à condition que cette sciure soit bien sèche et très peu humectée de benzine, quelques gouttes à peine.

Mais comme tous les insectes enfermés ne tardent pas à développer de la vapeur d'eau, il sera bon, de temps en temps, d'interrompre sa chasse, de vider son flacon et d'en extraire les insectes qu'on mettra dans une petite boîte en bois, dans de la sciure bien sèche.

Préparation.

Au retour, on les préparera rapidement et, si on les ramollit, il faudra user de précautions, car ce sont des insectes fragiles. Les espèces poilues doivent être piquées vivantes ou tuées dans le flacon à cyanure et piquées immédiatement. Les petites espèces devront être collées comme les petits coléoptères. Il en est de même pour les insectes de l'ordre des strepsiptères, minuscules parasites qui vivent dans le corps des hyménoptères; mais nous en parlerons plus loin, au chapitre de la récolte de ces derniers insectes.

Hémiptères.

Tous ces insectes se récoltent comme les coléoptères et se préparent de même. Les cigales et genres voisins peuvent s'étaler comme des papillons, mais en principe tous les hémiptères se piquent sur l'élytre droite; les petits se collent sur des paillettes. On doit les chasser au parapluie, au filet-fauchoir, sous les pierres, les écorces, et même dans l'eau, où toutes les punaises aquatiques seront pêchées au troubleau. Des quantités

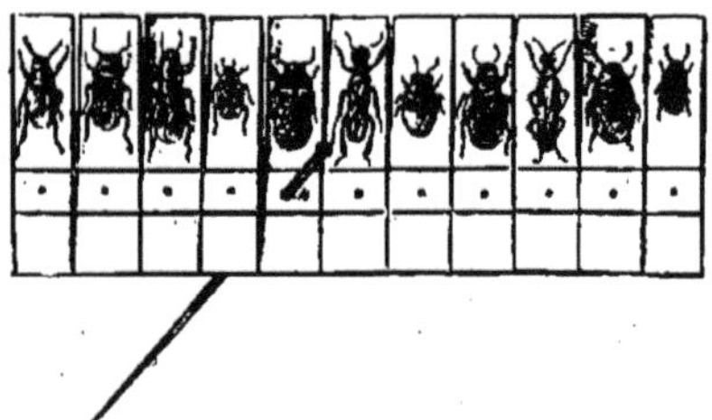

Fig. 155.

Paillettes encore réunies par leur talon et portant des insectes collés.

de petites punaises du groupe des capsides, qui vivent sur les fleurs et dont on prend des quantités en fauchant, sont tellement délicates qu'on ne peut pour ainsi dire les prendre sans les écraser. Il faut avoir un flacon à cyanure comme pour les papillons, ou à fond muni d'un papier de soie replié, à peine imbibé de chloroforme. On fait tomber ces bestioles dedans. Dès qu'elles sont mortes il faut les coller sur une paillette. Aussi doit-on avoir dans sa gibecière une boîte munie d'épingles, des paillettes de carte et un petit flacon de colle.

Pour éviter de piquer chaque paillette une à une, on en dispose des rangées détachées, mais retenues par la base. Une seule épingle suffit à fixer le tout au fond de la boîte (*fig.* 155).

Quand on est revenu chez soi, on coupe avec des ciseaux suivant les lignes tracées pour détacher tous les rectangles que l'on pique ensuite un à un.

XIV. — HYMÉNOPTÈRES.

Ce sont de tous les insectes les plus intéressants par leurs
mœurs, mais aussi ceux dont la récolte est la plus difficile, surtout à cause de leur agilité et du dangereux aiguillon venimeux
dont la plupart d'entre eux sont armés. Leur chasse, comme outillage, est à peu près celle des papillons, mais elle se rapproche
aussi de celle des coléoptères. Cependant il y a peu d'hyménoptères terrestres, à en excepter les fourmis qui doivent être récoltées avec soin et surtout aux époques où tous les sexes sont
représentés dans la fourmilière, c'est-à-dire les ouvrières ou
neutres, les mâles et les femelles; ces deux derniers sexes, on le
sait, sont ailés.

Chasse.

En général, les hyménoptères se chassent avec le filet à papillons, mais on en prend aussi beaucoup en fauchant avec le filet-
fauchoir. Pour chasser sur les fleurs, notamment dans les jardins,
on peut employer les pinces à raquettes (*fig.* 156).

Comme le montre notre figure, la carcasse essentielle de cet
engin est faite comme un fer à friser, sur des dimensions un peu
supérieures. Le premier forgeron venu pourra souder au cuivre,
braser, suivant le terme consacré, deux carcasses de fil de fer qui
formeront l'armature des palettes. On garnit alors celles-ci de
toile métallique fixée avec du fin fil de fer ou soudées à l'étain, ou
de fort crêpe que l'on coud tout autour. Mais l'étoffe ne remplacera
jamais bien avantageusement la toile métallique qui ne se déchire
pas après les chardons et autres plantes épineuses sur lesquelles
tant d'hyménoptères se plaisent à butiner. C'est pour cette raison
que beaucoup d'amateurs recommandent de remplacer aussi la
poche de gaze du filet à papillons par une poche en toile; mais
nous recommanderons peu cette mesure, car, à moins d'une
grande habitude, il est très difficile de saisir la bête dans le sac au
travers duquel on ne la voit pas.

Quand on a pris un hyménoptère dans le filet, il faut replier la poche comme nous l'avons dit pour les papillons, le repousser dans le fond de cette poche et le saisir, à travers le tissu, avec des pinces un peu plus fortes que celles employées pour récolter les araignées ou les coléoptères (*fig.* 157). Alors on retourne la poche, on applique l'insecte sur l'ouverture du flacon de chasse, on le fait tomber dedans et on bouche rapidement. Pour la pince à raquettes, il faut procéder autrement et c'est une besogne peu aisée. La plus simple manière est de pousser l'insecte le plus près possible du cadre en fer, d'entr'ouvrir à peine les pinces de manière à presser la bête entre les montants opposés des deux cadres, puis de la faire tomber dans le flacon de chasse. Quant à la piquer vivante, directement entre les mailles de fer, c'est un assez bon moyen, surtout pour les espèces poilues qui s'abîment dans le flacon. Mais ne faut-il pas encore, quand on ouvre les pinces, laisser envoler l'insecte, qui pourra même très bien frapper la main mala-droite d'un bon coup d'ai-

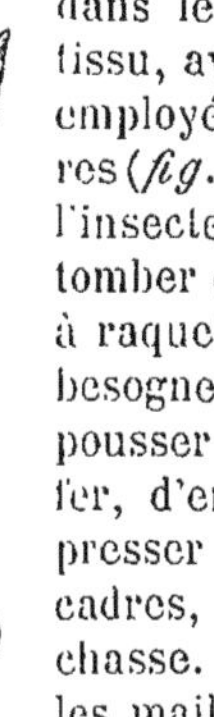

Fig. 156.

Pinces à raquettes pour la chasse des hymé-noptères.

guillon avant que de s'enfuir avec l'épingle. Cet accident arrive souvent avec les gros bourdons, les frelons et autres guêpes. Aussi je recommanderai plutôt la chasse au filet avec les précau-tions suivantes dont il ne faut pas s'éton-ner, car la chasse des hyménoptères est une des plus méticuleuses dans ses détails. La bête, si elle est de forte taille, sera chassée dans le fond du sac où on l'emprisonnera en serrant la gaze avec les pinces. On ouvre alors son fla-con à cyanure, on introduit dedans la bête emprisonnée et on rebouche par-

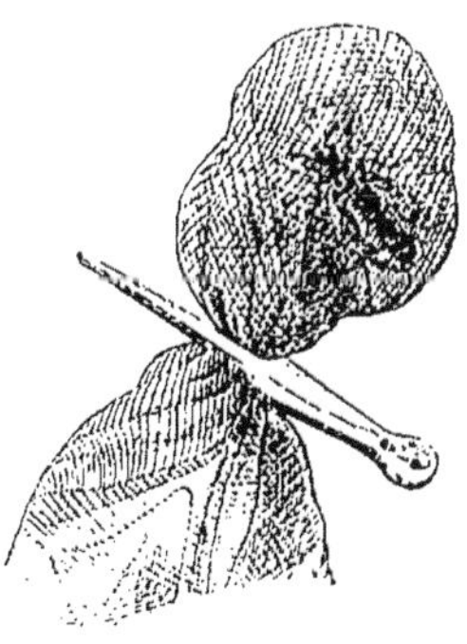

Fig. 157.

Capture d'un frelon.

dessus la gaze (*fig.* 158). Au bout d'une minute environ, la bête est aux trois quarts asphyxiée, on la sort du filet et on la pique dans sa boîte de chasse ou on la met dans son flacon à sciure de bois.

Pour chasser les hyménoptères il faut être armé non seulement du filet à papillons, mais encore d'un filet-fauchoir ; mais une simple poche en toile venant remplacer la poche de gaze, si l'on a un cercle mobile, est suffisante pour faucher. Il faut saisir vivement avec ses pinces les hyménoptères qui courent dans le sac, et de temps en temps donner d'un revers de main des coups secs sur ce sac pour étourdir les insectes. Sans cette précaution, lorsqu'on a donné un coup de fauchoir dans un endroit en fleur et que la poche renferme de nombreux insectes, on court risque d'en perdre la plupart.

Nous recommandons à l'amateur d'hyménoptères de se munir d'une boîte de chasse pareille à celle usitée pour les papillons, d'épingles, et de plusieurs flacons de chasse. La meilleure forme à donner à ceux dans lesquels on met la sciure de bois imbibée très légèrement de benzine est celle d'un ballon ou d'un biberon : ce dernier récipient a l'avantage d'être plat et de se mettre facilement dans une poche. L'important est que ces bouteilles aient un col beaucoup plus étroit que leur panse, de telle manière que l'insecte précipité au fond n'ait pas la facilité de s'envoler avant qu'on ait rebouché le flacon à cyanure préparé au plâtre. Il faut qu'il ait un large goulot et un bon bouchon en liège bien long. Recommandons encore de toujours relier le bouchon des flacons de chasse au col par une ficelle lâche. Car il n'y a pas d'accident plus ennuyeux ni ridicule que de perdre le bouchon de sa bouteille.

Des petits tubes garnis de sciure imbibée légèrement de benzine

FIG. 158.

Introduction du frelon dans le flacon à cyanure.

sont très utiles, notamment pour les petites espèces qui s'égare-
raient dans les grands flacons. Il est indispensable même d'avoir
avec soi un certain nombre de ces
petits tubes pour récolter séparément
les fourmis de diverses fourmilières,
quand on trouve les sexes réunis. Les
individus pris dans un même nid sont
mis dans un même tube, ce qui évite
toute confusion possible [1]. Au sujet de
la benzine nous ne saurions trop
recommander d'en mettre peu dans la
sciure. Les hyménoptères sont tous
plus ou moins poilus et s'abîment au
contact de la moindre humidité, et,
d'autre part, ils s'asphyxient très facilement. Nous recommanderons encore
de mettre dans le flacon de cyanure
préparé au plâtre quelques tortillons
de papier buvard destinés à absorber
l'humidité, et surtout d'interrompre de
temps en temps sa chasse, de vider ce
flacon et de piquer les bêtes velues ou de les mettre, au moins, à
part dans une petite boîte avec de la sciure bien sèche [2]. Certains
naturalistes se servent de bouteilles de chasse en toile métallique,

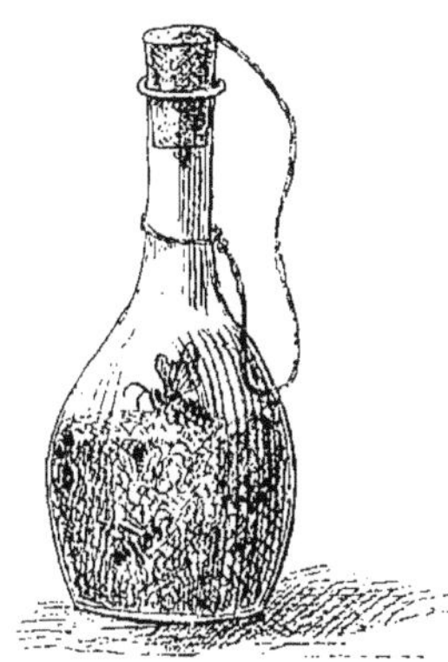

Fig. 159.

Flacon renfermant de la sciure de
bois imbibée de benzine pour
la chasse des hyménoptères.

---

1. Beaucoup d'amateurs trouvent avantage à porter ces tubes dans une petite
boîte ou une sorte de portefeuille, où ils demeurent fixés par une bande de
caoutchouc sans courir le risque de se briser. On pourra facilement s'en fabriquer avec un vieux portefeuille ou même avec du carton, de la toile, de la
peau de vieux gants et des élastiques quelconques. J'ai, dans mes voyages,
employé à cet usage une ceinture de cartouchière avec des tubes assortis à la
taille des passants des cartouches. Mais il faut alors avoir des tubes courts, à
rebord saillant qui les retienne (*fig. 160*). Toujours, répétons-le, on aura avantage d'avoir des bouchons très longs, de 3 ou 4 cm. au moins. Car on peut plus
facilement déboucher ces tubes et on a en outre l'avantage de pouvoir amé-
liorer la fermeture en enfonçant le bouchon. Il ne faut pas mettre de vaseline
à l'embouchure, parce que cela graisse les insectes.

2. On peut aussi préparer un flacon à cyanure de la façon suivante. Un
petit ballon de verre à long col traverse le bouchon de la bouteille, de
façon à ce que ce col débouche dans le flacon. On met dans le petit

trouvant avantage à garder les hyménoptères vivants et à les tuer,
une fois rendus à domicile, en vidant cette bouteille dans un
grand flacon à cyanure. Nous recommandons peu cette bouteille
que l'on ne peut guère fabriquer soi-même et qui, en outre, présente un inconvénient très grave, car à travers les mailles de la
toile métallique les grands hyménoptères peuvent très bien darder

ballon du cyanure de potassium et on obture avec du coton. Les vapeurs
pénètrent dans le flacon et asphyxient les insectes. On peut remplacer le ballon par une petite fiole, mais il faut avoir bien soin de la choisir
en verre épais, très solide, de manière à ce qu'elle ne se rompe
pas. Le cyanure de potassium, répétons-le, est un corps dangereux
à manier et toutes les fois qu'on pourra, il faudra le remplacer par
le chloroforme, l'éther ou la benzine. Mais les flacons à éther et à
chloroforme doivent être solidement bouchés et leur bouchon sera
toujours relié au goulot par une ficelle. Il arrive parfois, et je l'ai
expérimenté, que les vapeurs chauffées font sauter le bouchon en
l'air tandis qu'on le tient dans la main; s'il n'est pas rattaché, on
le perdra souvent. Il me souviendra longtemps d'avoir éprouvé
jadis cet accident un jour de juin à Montrouge, qui était à cette
époque un peu en friche et formait une excellente localité de
chasse. Je venais de prendre des carabes, lorsque le bouchon de

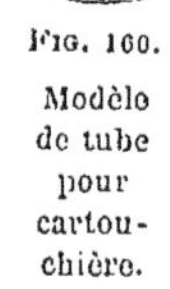

Fig. 160.

Modèle
de tube
pour
cartou-
chière.

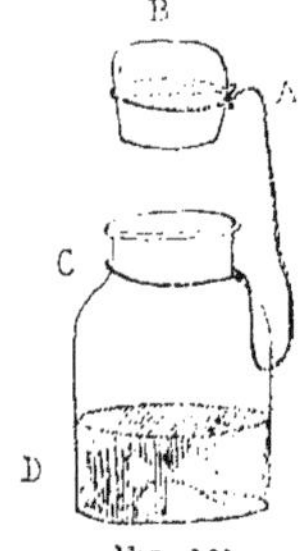

Fig. 161.

Autre modèle
de flacon à cyanure.

mon flacon à sciure de bois humectée d'éther
sauta dans les airs avec une petite détonation
et s'éleva à une telle hauteur que je ne l'ai
jamais revu. J'étais alors très jeune et de peu
d'expérience; j'avais négligé de mettre une
ficelle attachée au bouchon d'un bout et reliée
de l'autre au goulot de la bouteille, et je n'avais
ni bouteille ni flacon de rechange. Il me fallut
improviser un bouchon avec du papier.

Au sujet de la manière d'attacher cette ficelle,
quelques précautions sont à prendre. Il ne faut
pas traverser le bouchon verticalement et faire un gros
nœud à sa partie inférieure parce que, à cette saillie,
s'accrochent souvent des insectes qui se laissent tomber
quand on ouvre le flacon. On fera passer la ficelle horizontalement à travers le bouchon (*fig.* 161), on lui fera
faire un demi-tour et on la reliera en A par un nœud. Puis,
lui laissant une longueur d'environ 15 cm., on la liera en
C autour du goulot, où on l'arrêtera par un nœud serré,
mais pas par un nœud coulant qui pourrait se défaire. Quant au tube, que l'on
recommande toujours de passer à travers le bouchon pour entrer les petits
insectes, nous n'en conseillons pas l'usage. Il faut mettre les insectes moyens
et gros dans un flacon et les petits dans des tubes ou flacons de dimensions
moindres. Faute de cette précaution, on risque de les abîmer ou de les perdre.

leur aiguillon et piquer la main qui tient la bouteille. On peut cependant en essayer et la construire de la façon suivante. On

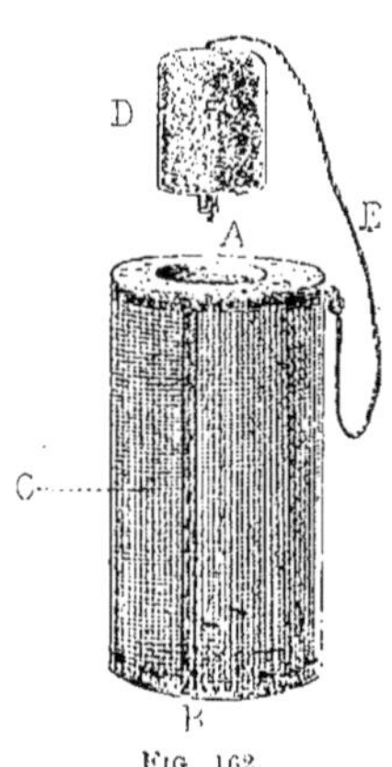

FIG. 162.

Bouteille
en toile métallique.

prend deux disques en bois, de 2 cm. environ d'épaisseur, tels que ceux dont les merciers se servent pour enrouler leurs rubans (*fig.* 162). L'un servira de base; l'autre, qui représentera l'ouverture, devra être percé avec soin d'un trou (A) que l'on fera facilement avec une tige de fer rougie au feu, et que l'on agrandira avec une râpe jusqu'à lui donner le diamètre nécessaire. On prend de la toile métallique, on en fait un manchon dont on cloue avec de fines pointes à large tête la base au fond en bois B, et l'ouverture supérieure au disque A. On coud avec du fil ciré ce manchon sur son côté en C. Ainsi on a la bouteille; un gros bouchon de liège D la fermera en A et se rattachera après elle par une ficelle E. Dans cette bouteille en toile métallique on mettra des tortillons de papier buvard, des feuilles où les insectes puissent s'abriter sans se frotter les uns aux autres.

Observation des mœurs.

La chasse aux hyménoptères donne surtout de bons résultats dans les terrains arides et sablonneux où poussent les chardons : sur les capitules de ces plantes se plaisent nombre d'espèces qui, faisant leurs nids dans les talus à pic exposés au soleil, viennent butiner ou faire la chasse aux insectes. Beaucoup s'enfoncent dans les fleurs presque complètement, et seule leur extrémité postérieure apparaît; il faut les saisir vivement avec des pinces ou, ce qui est mieux, enfermer la fleur dans le flacon jusqu'à ce que l'insecte sorte. Les vieux murs situés en plein midi, les arbres vermoulus percés de trous sont d'excellentes localités à explorer, et toujours il faut les visiter aux heures les plus chaudes. Dès le début du printemps, les hyménoptères sortent pour butiner sur les fleurs des arbres, mais ils disparaissent complètement aux premiers froids.

Ces insectes sont surtout intéressants par leurs mœurs : aussi faut-il rechercher leurs nids en terre, dans les tiges creuses, dans les murs, et élever les larves ; celles des tenthrèdes, qui ressemblent à des chenilles, s'élèvent tout comme elles. Mais quand elles se sont enveloppées d'un cocon, il est bon de les mettre dans une boîte à couvercle métallique, parce que les adultes, une fois éclos, rongent les couvercles en gaze ou en crêpe, puis s'envolent.

Élevage des larves.

C'est en élevant des larves de tous insectes et aussi des chenilles que l'on se procurera les ichneumons et nombre d'hyménoptères parasites qui, un beau jour apparaissent dans la boîte, après être sortis d'une chenille ou d'une chrysalide. Les cynips, dont la vie est si singulière, vivent dans des galles, curieuses excroissances que l'on trouve sur nombre de végétaux. Quand on a rencontré une galle il ne faut pas la détacher, mais bien couper le rameau sur lequel elle se trouve, et mettre celui-ci dans un vase plein d'eau pour qu'il continue à végéter jusqu'à l'éclosion des cynips. Il faut donc mettre rameau et vase dans une boîte, ou envelopper avec soin les galles avec une fine gaze qui retiendra les insectes.

Le petit flacon d'acide phénique est très utile au chasseur d'hyménoptères, qui risque souvent d'être piqué. Quand on éprouve cet accident, il faut bien examiner la plaie, arracher adroitement l'aiguillon avec des pinces fines, laver la plaie et mettre une goutte d'acide phénique. La douleur, vive d'abord, passe rapidement. Toutefois faut-il éviter avec soin les piqûres de grosses espèces comme frelons et guêpes, car, répétées surtout, elles peuvent être dangereuses.

Guêpiers.

Quand on veut s'emparer d'un guêpier, il faut s'entourer de précautions nombreuses et variant suivant sa situation. Si le guêpier est souterrain, il faut bien s'assurer du nombre d'issues du terrier; s'il en a plus d'une, on note bien leur place, sans s'approcher imprudemment.

On vient ensuite de grand matin, à l'aurore si possible, alors que les insectes engourdis ne peuvent déployer leur activité. On bouche avec de la terre pressée ou de l'argile toutes les issues, sauf une; dans celle-là on pousse le plus profondément possible des tampons de ouate imbibés de benzine, et on bourre toujours avec une baguette jusqu'à ce que le conduit soit obstrué. On verse encore de la benzine sur l'ouate, puis on ferme l'ouverture avec un verre renversé.

Pendant deux jours on surveillera les abords du nid, on prendra au filet les individus vagabonds qui n'étant pas rentrés circulent autour, et on collera son oreille contre terre pour écouter si le bruit particulier produit par les hyménoptères réunis en grand nombre a encore lieu. Quand on n'entend plus rien, on attaque doucement le sol avec une bêche, jusqu'à découvrir le guêpier.

Si toutes les guêpes sont mortes ou engourdies, on n'a plus qu'à emporter la construction en ayant soin de n'en pas briser les enveloppes cartonneuses; si des guêpes encore vivantes se dégagent, il vaut mieux battre en retraite, prendre son temps, et revenir à la nuit jeter des serviettes mouillées de benzine sur le guêpier jusqu'à ce qu'il n'y ait plus de guêpes.

S'il s'agit d'un nid suspendu aux branches d'un arbre, on ne peut s'en emparer qu'en isolant avec une serpe emmanchée, et au coucher du soleil ou de grand matin, le rameau qui le porte. Puis on se munit d'un sac de toile assez large et profond pouvant se fermer, par une bonne coulisse, d'une façon hermétique.

Avant le lever du soleil on monte dans l'arbre, on met le nid dans le sac, on le détache d'un coup brusque de serpe bien tranchante et on coulisse vivement. Ensuite, pour tuer toute cette population, on imbibera le sac, suspendu à quelque support, avec de la benzine jusqu'à ce qu'on n'entende plus rien, on renouvellera encore prudemment l'opération, et le lendemain seulement, si tout paraît mort, on ouvre le sac et on en vide le contenu.

On ne se fait pas une idée de tout ce qu'on trouvera dans un guêpier, du nombre d'insectes parasites qui y vivent. Au reste l'étude des insectes hyménoptères est la plus intéressante à laquelle on puisse se livrer, et l'amateur ne tardera pas à se passionner pour ces insectes dont l'industrie est merveilleuse, en oubliant par des découvertes sans cesse nouvelles les peines qu'il aura endurées et les petits dangers qu'il aura courus.

Préparation.

La préparation des insectes hyménoptères est la même que celle des papillons. On les pique au milieu du corselet et on étale les ailes au moyen de l'étaloir. Toutefois, comme c'est un travail long et difficile, on fera bien de n'étaler qu'un individu par espèce, de façon à pouvoir étudier les ailes. Et encore beaucoup d'amateurs trouvent-ils plus simple de n'étaler qu'un seul côté, ce qui prend moins de temps et aussi moins de place dans la collection (*fig.* 163).

Fig. 163.

Préparation des hyménoptères. On n'étale les ailes que d'un seul côté.

Les petites espèces se collent sur des rectangles de carton comme les coléoptères ou bien on peut essayer de les préparer comme les microlépidoptères, en les étalant.

Les espèces aptères se collent comme les neutres de fourmis, les petites femelles des mutilles, etc.

Pour les sexes on emploie trois signes que l'on doit mettre sur de petites paillettes rondes ou carrées. Le signe ♂ indique le mâle, ♀ la femelle, ☿ la femelle stérile, ouvrière ou neutre des abeilles, des guêpes, des fourmis, aussi des bourdons et autres hyménoptères sociaux.

Il faut bien avoir soin de mettre à tous ses insectes non seulement des étiquettes de localité, mais encore des étiquettes indiquant leur provenance quand ce sont des parasites obtenus d'éclosion.

Les nids se conservent assez facilement; toutefois il sera bon de mettre de temps en temps quelques gouttes de benzine phéniquée sur les guêpiers, qui sans cela fourmilleraient bientôt d'anthrènes, de dermestes, de teignes et autres fléaux des collections.

Les précautions à prendre pour les collections d'hyménoptères sont les mêmes que celles précédemment indiquées par les papillons et les coléoptères. Les espèces poilues tournées au gras seront traitées comme les papillons, celles moisies seront traitées par l'éther d'abord, puis séchées après passage à la benzine dans la terre de Sommières. (Voyez page 135.)

XV. — ANIMAUX MARINS

(MOLLUSQUES, VERS, ÉCHINODERMES, CŒLENTÉRÉS, ETC.).

Collection de coquillages.

Pour la recherche des mollusques terrestres, il suffit de posséder une boîte remplie de mousse, quelques petits tubes pour mettre les coquilles fragiles, un fort couteau ou un écorçoir pour creuser la terre au pied des arbres. Habitant les endroits humides, ces animaux peuvent se rechercher presque toute l'année, mais la belle saison, surtout le printemps, est la meilleure époque. Les espèces aquatiques qui fréquentent dans les mares, les étangs ou les rivières se récoltent avec un troubleau en grosse toile ou en canevas, semblable à celui que l'on emploie pour la pêche des insectes aquatiques.

Mais le plus grand nombre des mollusques habite la mer et c'est en visitant les plages et les rochers à marée basse, en visitant les filets des pêcheurs, les paquets d'algues abandonnés par le flot que l'on fera les plus riches récoltes. On peut aussi employer la drague, sorte de filet à cadre carré muni d'une poche à mailles serrées que l'on traîne après une embarcation. Ainsi on se procurera bon nombre d'espèces que l'on ne pourrait autrement capturer.

Quant aux coquilles *roulées*, c'est-à-dire celles qui, dépourvues de leur animal, se trouvent sur le rivage, elles ont perdu toute valeur, parce que leur bouche est presque toujours brisée, leur épiderme détruit et leurs contours sont usés par le frottement. Aussi le collectionneur doit-il faire un choix parmi les coquilles qu'il recueillera, ne garder que celles bien entières, munies de leur animal et qui ont toute leur fraîcheur.

Pour retirer le mollusque de sa coquille, il est différentes méthodes. La plus simple est de faire cuire les animaux dans l'eau ; quand ils sont morts, on les extrait facilement au moyen d'un crochet de fil de fer plus ou moins gros, suivant les dimensions

du coquillage. On peut fabriquer soi-même cet instrument avec du
fil d'acier dont on coupe un bout avec des pinces à mors coupant.
On aiguise une des extrémités, on la recourbe en crochet, ou

FIG. 164.

Crochet en
tire-bouchon
pour retirer
le mollusque
de sa coquille.

mieux on lui donne la forme d'un tire-bouchon
(*fig*. 164), en barbelant la pointe d'un coup de marteau, puis de quelques coups de lime ; on le retrempe,
on le recuit légèrement et on le monte sur un petit
manche en bois. Ce crochet en tire-bouchon est particulièrement utile pour retirer les mollusques habitant
des coquilles en spirale. Mais lorsque l'animal est bien
cuit, il s'extrait facilement, même au moyen d'une
grosse aiguille. On peut aussi laisser pourrir les
animaux dans du sable, où on les noie tout d'abord
dans un vase absolument rempli et hermétiquement
clos, où les espèces aquatiques elles-mêmes ne
puissent trouver l'air utile à leur respiration. Les très
petites espèces peuvent être tuées et séchées dans du
sable chauffé, mais ce procédé peut abîmer l'épiderme
de certaines coquilles délicates.

On conservera les coquilles dans des petites boîtes
en carton carrées ou oblongues, sans couvercle et à
fond garni de coton, et on rangera ces boîtes, côte à
côte, dans de plus grandes boîtes ou dans des tiroirs. Sur chacune
des petites boîtes on collera une étiquette avec le nom de l'espèce,
la localité d'où elle provient, la date de la capture.

Mollusques nus.

Les mollusques nus se conservent bien dans l'alcool ; on aura soin
de les noyer d'abord dans de l'eau contenant de l'éther ou du
chloroforme que l'on y versera lentement. Ce traitement est, du
reste, utile pour tous les animaux marins que l'on veut tuer sans
qu'ils se rétractent ; il faut, quand on les voit bien épanouis dans
le bocal plein d'eau de mer ou plein d'eau douce, suivant que ce
sont des habitants des eaux salées ou douces, verser le chloroforme
goutte à goutte dans le liquide, jusqu'à ce qu'ils meurent en
gardant leur attitude. Si l'on n'avait pas de chloroforme, non plus

que d'éther, on noierait les animaux en faisant le plein dans
le bocal, et en recouvrant l'eau d'une assiette ou d'une feuille de
verre adhérant à la surface du liquide. Au bout de quelques
heures, vingt-quatre au plus, les êtres sont tous asphyxiés. Cette
méthode gonfle un peu les animaux, mais ils reprennent leur
volume normal en abandonnant leur excès d'eau dans l'alcool.

Si l'on met dans l'alcool un mollusque renfermé dans sa coquille,
il faudra avoir soin de briser la pointe de celle-ci en tout ou en
partie, ou de la percer avec un poinçon, de façon à ce que l'alcool
pénètre bien partout. Les coquilles bivalves, comme les moules et
les clovisses, devront être brisées près de la charnière et tenues
ouvertes avec un petit morceau de bois introduit entre les valves.
Pour conserver les bivalves secs, on les laissera mourir hors de
l'eau, et, quand ils seront morts, leur coquille s'ouvrira naturellement. On les plongera quelques jours dans l'eau, puis on
retirera l'animal et on aura soin de bien ficeler la coquille pour
qu'elle reste fermée. Il faut toujours respecter la charnière.

Échinodermes et Vers.

Les vers se conservent dans l'esprit-de-vin. Mais leur préparation est assez difficile, car si l'on veut les tuer sans qu'ils se bri-
sent ou se rétractent, il faut les asphyxier dans l'eau avec du
chloroforme. Il en est de même des ophiures, délicates étoiles de
mer, dont les bras flexibles ressemblent à des mille-pieds. Quant
aux oursins et aux étoiles de mer, lorsqu'ils sont de petite taille,
il suffit de les faire sécher à l'ombre, et l'on aura soin de bien
étaler les dernières sur une planchette, avec des épingles, pour
empêcher les rayons de se gondoler. On les retournera tous les
jours pour que leurs faces sèchent successivement. Si les étoiles
de mer sont très grandes, on pourra les badigeonner souvent
avec de l'alcool tenant en dissolution du sublimé corrosif ou de
l'acide arsénieux, et les laisser sécher lentement en les retournant
chaque jour, et leur donnant deux ou trois couches quotidiennes
de liquide. On peut encore les ouvrir par leur face inférieure en
fendant chaque bras, les vider de leurs parties molles, les oindre
de savon arsenical et les bourrer avec du coton ou de la filasse.

En principe, il vaut mieux conserver tous les animaux marins dans l'alcool, tout comme les cœlentérés (coraux et méduses); mais beaucoup demandent des soins qu'on ne saurait guère leur donner qu'en laboratoire.

Je recommanderai toutefois l'étude des vers intestinaux comme une des études les plus intéressantes auxquelles le naturaliste amateur puisse se livrer. Car en empaillant les mammifères, les oiseaux, les poissons, les reptiles, il lui sera toujours loisible d'examiner leurs organes et d'observer les vers qui y sont logés. Pour bien découvrir ces animaux, il suffit d'avoir une cuvette plate dont on a peint le fond avec du vernis noir. On la remplit d'eau, et on y jette l'estomac ou l'intestin ouvert de l'animal que l'on dissèque. Les vers, toujours jaunes ou blancs, sont entraînés au fond de l'eau, où on les voit s'agiter sur le fond noir. Ces parasites ne se trouvent pas seulement dans le tube digestif, on les rencontre dans tous les viscères et dans les liquides de l'œil. On les conservera dans l'alcool à 45°, en ayant soin de mettre chaque espèce trouvée sur un même animal dans un tube, avec une étiquette portant le nom de cet animal, la région du corps, et, enfin, plus tard, le nom du parasite lui-même quand l'étude l'aura fait connaître.

MINÉRALOGIE ET GÉOLOGIE

Notions générales.

Si la minéralogie est la science qui traite de la nature des roches et de la disposition de leurs éléments constitutifs, le domaine de la géologie est encore plus étendu. Car celle-ci s'intéresse à la composition même du sol, à la structure de notre globe considérée dans le temps et dans l'espace ; aussi demande-t-elle des études préliminaires solides. Il ne suffit pas, en effet, de ramasser au hasard des échantillons de pierres, des minéraux, des cailloux et des fossiles, pour former une collection intéressante. Mais il ne faut pas croire, non plus, qu'il soit nécessaire de posséder la science infuse pour pouvoir commencer utilement des recherches. Avec quelques notions élémentaires, des soins et de la méthode, on peut arriver à former une bonne collection présentant un véritable intérêt, surtout si elle est formée dans une région déterminée que l'on aura explorée scrupuleusement pendant un certain temps.

Dans notre pays, ces recherches sont particulièrement facilitées par la carte géologique très complète que le gouvernement a fait établir, et à laquelle travaille sans cesse un comité d'ingénieurs et de savants. Chez les libraires, on trouve facilement cette carte entière ou divisée par départements. Aussi est-ce là le premier document dont le géologue amateur devra se munir ; il fera bien aussi de consulter un bon ouvrage élémentaire de géologie, afin de se familiariser avec les terrains, leurs divisions établies et acceptées, et avec les termes en usage.

Quand on veut faire une excursion géologique, il faut donc consulter la carte de la localité que l'on se propose de visiter, et, ce qui est mieux, l'emporter avec soi. Puis on se mettra en quête des endroits où le sol présente des excavations, des tranchées, des déchirures dues la plupart du temps à la main de l'homme, et qui mettent à nu verticalement les assises du terrain. Les tranchées de chemins de fer ou des routes coupant des massifs élevés, les carrières abandonnées ou en exploitation, les mines, tels sont les meilleurs endroits à visiter. Tout d'abord, pour prendre une connaissance générale de la structure géologique du sol de la région, on devra monter sur une éminence aussi élevée que possible, et du haut de laquelle on ait la vue du pays à plusieurs kilomètres à la ronde. Les natures différentes des plantes, nettement distinctes par places, montreront déjà que le pays n'a pas un sous-sol de nature uniforme, et cette mosaïque végétale fournira déjà quelques notions sur la composition du terrain. On sait, en effet, que les plantes des terrains siliceux ne sont pas les mêmes que celles des terrains calcaires, et que les espèces des sous-sols granitiques diffèrent absolument de celles qui croissent sur l'argile.

Après avoir pris ces divers renseignements, on pourra se mettre à récolter des échantillons de roches, en ayant soin de les détacher sur les assises en place, et non sur des pierres détachées, qui, souvent, peuvent avoir été transportées par une cause quelconque près de terrains auxquels elles n'ont jamais appartenu. Cette considération est importante, et l'on y reviendra à propos de la récolte des fossiles. Pour détacher les roches, pour les examiner et les déterminer sommairement, divers outils et réactifs sont utiles, mais leur nombre n'est pas grand.

Outillage.

On se munira tout d'abord d'une besace en toile ou d'une double poche en filet destinée à contenir les échantillons, ainsi que d'une provision de papier fort, de quelques petits sacs en toile pour les échantillons fragiles, les sables, etc., et on aura une petite boîte contenant des étiquettes gommées sur quoi l'on puisse inscrire un numéro au crayon. Un ou deux marteaux sont indispensables. Le mieux est d'en avoir un un peu fort à deux bouts carrés, et un autre à une seule pointe (*fig.* 165), un peu plus léger. Ces marteaux doivent être de bon acier, montés sur des manches solides et légers, un peu longs, et on aura soin que la monture soit solide, assurée par un coin de fer enfoncé dans la tête du manche, à l'endroit où celui-ci traverse le marteau. Sans cette précaution, on risque de voir le marteau se démancher pendant l'excursion, accident auquel on peut difficilement remédier.

Les marteaux se porteront passés, le fer en haut, dans des anneaux dépendant d'une ceinture solide.

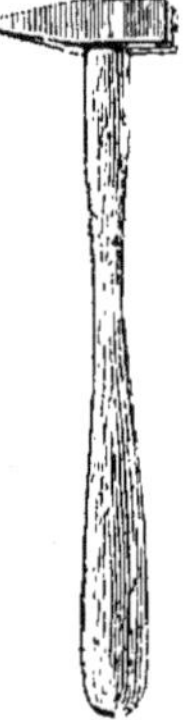

Fig. 165.
Marteau
de minéralo-
giste.

Les burins et ciseaux à froid sont aussi des outils indispensables. Il faut en avoir trois ou quatre, de tailles variées, de très bon acier bien trempé et recuit, et à tranchant soigneusement aiguisé. Les meilleurs sont faits avec de vieilles limes reforgées. Ils doivent être assez courts et toujours épais, quelles que soient les dimensions du tranchant, du côté de la tête sur laquelle frappera le marteau. C'est avec ces burins et ciseaux que l'on peut détacher les fossiles encastrés dans les roches, opération qui est un véritable travail de sculpture. On devra aussi emporter une ou deux pointes à tracer, en acier bien trempé, afin de vérifier la dureté des roches et aussi pour détacher les fossiles délicats.

Ces outils se porteront soit dans la besace en toile, ou, ce qui est mieux, dans une pochette en cuir tenue dans une des poches de côté du vêtement. A ce propos, les géologues ne devront pas oublier que leur travail étant des plus actifs et des plus fatigants, ils devront être chaussés et vêtus très solidement; de gros souliers de chasse et des guêtres, des vêtements de velours en hiver, de grosse toile en été, sont du meilleur usage. L'avantage de la géologie sur les autres branches de l'histoire naturelle, c'est qu'aucune nécessité d'époque ne s'impose à elle : tous les jours sont bons pour les excursions, il n'y a pas à se préoccuper de la question de saison.

Le géologue devra aussi porter avec lui un aimant pour connaître les traces de fer dans les roches, et un petit flacon d'acide azotique pour faire les essais et reconnaître les calcaires qui bouillonnent dès qu'on met dessus quelques gouttes du liquide corrosif. Le meilleur modèle est le plus épais et le plus solide, avec bouchon à l'émeri, prolongé inférieurement en baguette plongeant dans le liquide, dont elle ramène avec elle une suffisante quantité. On aura soin de conserver ce bocal dans un étui en bois solide, de manière à ce qu'il ne puisse se briser, et, pour faciliter le frottement du bouchon, on mettra un peu de vaseline autour de sa partie dépolie.

Le chalumeau, qui sert à activer la flamme que l'on projette sur les échantillons de roches pour éprouver leur degré de fusibilité, est plutôt un instrument de laboratoire; il est inutile de l'emporter en excursion. On en fait de divers modèles plus ou moins compliqués. Les meilleurs sont en cuivre, avec une fine extrémité de platine, qui ne se fond pas au contact de la flamme.

La boussole est, par contre, d'une utilité très grande, car elle sert à mesurer l'inclinaison des couches, et aussi leur orientation. On construit, depuis quelque temps, des boussoles extrêmement pratiques destinées à mesurer l'inclinaison, le degré de pente des terrains. Munies d'un pied, elles se posent sur le sol, et leur cercle est divisé en degrés, de telle sorte que l'on peut lire sur le cadran l'angle exact que fait l'aiguille avec la perpendicule faisant office de fil à plomb. La boussole doit se porter dans une poche de peau rembourrée, ou mieux dans un étui de bois.

Enfin, pour tamiser les sables qui renferment de petits fossiles, coquilles de mollusques ou de foraminifères, il est bon d'avoir une sorte de tamis ou de crible, composé d'un sac de forte toile dont le fond est formé par un disque de toile métallique soutenu par un cercle de fil de fer après quoi est cousu le sac (*fig.* 134). La loupe est très utile pour cette recherche et chacun choisit cet instrument suivant la force ou la délicatesse de sa vue. Un des modèles les plus pratiques est celui à triple verre qui permet de varier à volonté les grossissements. Mais, pour les travaux de laboratoire, pour étudier la structure des roches amincies en lamelles, il faut employer le microscope, de même que dans presque toutes les études approfondies de zoologie et de botanique.

Choix des échantillons.

Quand on veut prendre un échantillon d'une roche, il faut en détacher, au moyen du marteau, un fragment de la grosseur de deux doigts environ, en ayant soin d'avoir partout des cassures nettes et fraîches, mais de garder cependant, sur une des faces, la partie, altérée souvent, qui regardait l'extérieur. Car cette surface est utile pour étudier les altérations que certaines roches subissent au contact de l'air et d'autres agents. Pour bien équarrir ses échantillons, c'est affaire d'habitude; pour commencer, on les taille toujours trop volumineux, puis on arrive à leur donner des dimensions réduites au moyen du ciseau et du burin. D'ailleurs ce n'est que par l'expérience que l'on apprendra les divers plans de clivage permettant de diviser facilement et régulièrement les minéraux et les roches.

Les gros galets, les cailloux roulés devront être examinés avec soin et fendus avec le marteau, car en beaucoup d'entre eux se trouvent de véritables gîtes minéraux constituant des géodes. Et souvent une grossière pierre recèle dans ses flancs d'admirables cristaux de quartz améthyste, d'émeraude ou de quelque autre pierre précieuse.

Mais, au point de vue géologique pur, les cailloux roulés présentent toujours moins d'intérêt que les roches récoltées sur place et par couches dans une assise géologique déterminée. La meilleure manière de procéder, lorsqu'on se trouve devant une ou plusieurs couches découvertes verticalement, comme les flancs d'un coteau coupé par une profonde tranchée, est assurément la suivante : En s'aidant de sa carte géologique on relève bien le terrain, puis avec la boussole on note l'inclinaison des couches et on l'inscrit sur son carnet. On indique aussi la profondeur de ces couches, si elles alternent avec d'autres, si elles s'interrompent ou se continuent, et on donne sur le croquis que l'on trace, des numéros spéciaux à chacune de ces couches. C'est après ces premières constatations que l'on recueillera des échantillons et l'on aura soin de coller sur chacun d'eux un numéro qui sera le même que celui de la couche relevée où on l'aura récolté, et il sera prudent d'inscrire aussi sur la petite étiquette le nom de l'endroit, afin que, si l'on explore deux ou trois localités dans une même excursion, on ne mêle pas ses échantillons.

Étude des fossiles. — Notions générales.

On sait que l'on entend par fossiles les débris d'animaux et de végétaux appartenant pour la plupart à des espèces disparues qui se trouvent inclus en divers terrains, qu'ils y aient laissé soit seulement une empreinte, soit un moule rempli par des matières étrangères qui ont remplacé leurs substance, par leurs os ou leurs tiges qu'un travail particulier de la matière a pour ainsi dire minéralisés, c'est-à-dire changés en une sorte de pierre.

L'étude des fossiles est des plus intéressantes et elle apporte à la géologie un appoint capital en ce qu'elle permet de déterminer, suivant les espèces observées, l'époque du terrain où on les a rencontrées.

C'est ce qu'on entend par *fossiles caractéristiques*. Ces êtres ont vécu à une époque, puis ont disparu de telle sorte qu'on n'en trouve plus de traces dans les terrains plus récents, non plus, du reste, que dans les formations antérieures.

« Les études paléontologiques — dit un professeur au Muséum — possèdent un puissant intérêt, et cela à des points de vue fort divers. Ainsi, si elles nous permettent d'acquérir des connaissances étendues sur les populations animales qui se sont succédé sur la terre, depuis le moment où la vie semble y avoir apparu jusqu'à nos jours, elles nous permettent également de saisir les liens rattachant les uns aux autres les animaux éteints, en même temps que ceux unissant ces derniers aux êtres qui nous entourent. Elles nous révèlent par conséquent, suivant l'heureuse expression de M. Gaudry, les enchaînements du règne animal. D'autre part, la localisation exclusive de certaines espèces fossiles dans les différents horizons permet au géologue de déterminer l'âge relatif de ces derniers et de préciser leur origine, marine, fluviatile, lacustre, etc. »

En effet, quel que soit le système géologique sur lequel ils s'appuient, les savants sont unanimes à reconnaître que les diverses époques par lesquelles a passé notre planète ont été caractérisées par des types animaux et végétaux spéciaux. Les terrains sédimentaires, c'est-à-dire ceux qui n'ont été ni produits ni remaniés par le travail du feu, ont gardé des débris de ces êtres : « L'examen des fossiles offre donc — dit M. de Lapparent — un moyen de caractériser chaque épisode avec une précision qui dépasse de beaucoup celle de l'argument minéralogique. En effet, il est à peu près impossible de dire, en se bornant à considérer la constitution d'une assise, quels pouvaient être la profondeur, la température, ou le degré de salure de l'eau dans laquelle elle s'est formée, ni si le dépôt a eu lieu dans un golfe ou sur une côte largement ouverte. Au contraire, l'étude des fossiles, avec les lumières que la zoologie et la botanique nous fournissent sur l'habitat normal des espèces similaires, permet de définir l'ensemble des conditions physiques au milieu desquelles le dépôt s'est constitué. »

Comme exemples de fossiles caractéristiques prenons :

Dans l'oolithe ferrugineuse de Longwy et de Villerupt (groupe secondaire, système liasique lorrain) : *Ammonites opalinus. A. insignis. Belemnites abbreviatus. Gryphæa ferruginea. Trigonia navis.*

Dans la craie glauconieuse de la vallée de la Seine (groupe secondaire, étage cénomanien) : *Ammonites navicularis. Ostrea conica. Terebratula biplicata. Cidaris vesiculosa.*

Dans le calcaire de Saint-Ouen (groupe tertiaire, sous-étage dartonien) : *Limnæa longiscapa. Cyclostoma mumia. Planorbis rotundatus.*

Il ne faut pas croire que tous les débris des animaux anciens nous aient été conservés, on peut même dire que les individus fossilisés en tout ou partie sont des exceptions. En effet, lorsqu'un animal meurt dans un endroit quelconque, son corps ne tarde pas à disparaître sous l'influence des décompositions chimiques, et l'œuvre est accélérée par les organismes se nourrissant des cadavres et par les agents atmosphériques. Les os les plus durs eux-mêmes ne tardent pas à être réduits en fragments de plus en plus ténus jusqu'à devenir poussière. Des conditions particulières ont donc entouré les squelettes, les coquilles ou les empreintes qui se sont fossilisés. Il a fallu tout d'abord que les animaux mourussent dans un liquide ou une vase au fond desquels ils se sont enfouis progressivement en échappant de plus en plus aux influences mécaniques susceptibles de dissocier leurs parties. C'est ce qui est arrivé pour la majorité des animaux aquatiques. Pour les autres, comme les oiseaux ou les mammifères, il a fallu qu'ils tombassent par accident et se noyassent dans les eaux où se formaient le gypse; là leurs squelettes se sont fossilisés; ou bien ils ont été brusquement asphyxiés par des émanations méphitiques, surpris par une éruption de boue. Mais, en règle générale, ils ne représentent que les vestiges d'être morts par accident. « Des phénomènes analogues — dit M. de Lapparent — se sont souvent produits dans les eaux marines où, de nos jours encore, les violents orages ou les tremblements de terre font périr de nombreux animaux. Enfin, l'arrivée soudaine d'une forte proportion d'eau douce dans l'eau de mer, ou réciproquement, suffit à déterminer la mort subite d'êtres que leur chute sur le fond ou leur enfouissement ultérieur préserveront d'une destruction totale. A cela on peut ajouter les modifications que les mouvements de l'écorce terrestre apportent dans les conditions physiques de certaines régions marines et qui entraînent la mort où le dépérissement rapide de plusieurs groupes d'animaux. »

Mais de l'animal ainsi enseveli, seules les parties dures se conserveront; les parties molles disparaissent, sauf dans des cas exceptionnels. En outre ces parties dures seront profondément modifiées dans leur nature même, car perdant toute leur substance organique, elles la remplacent par des éléments minéraux, et c'est cette substitution d'éléments qui constitue le phénomène de la fossilisation. Toutefois il est certaines substances organiques qui résistent à cette transformation, comme la *chitine* composant les téguments cornés des insectes, et la *cuticule* des végétaux.

Nous ne pouvons entrer dans les détails concernant la fossilisation; disons seulement que les conditions de ce phénomène varient « suivant la facilité avec laquelle les dissolutions auront accès dans le milieu, c'est-à-dire suivant la plus ou moins grande perméabilité du terrain ».

Dans les terrains argileux, l'animal se pénètre lentement d'argile dans toutes ses cavités, et à la longue il se forme un véritable moule interne qui représente la forme de l'animal. Rarement, avant de disparaître, les parties molles laissent-elles leur empreinte dans ce terrain. Et pour que le fossile se conserve, il faut qu'il soit revêtu de parties dures, comme une coquille qui renferme le moule. Mais celui-ci ainsi protégé rend le même service à la coquille, qu'il empêche d'être à la longue aplatie et écrasée par le tassement de l'argile. Cette coquille, suivant les conditions où elle se trouve, pourra par la suite se minéraliser complètement ou disparaître sous un enduit de pyrite ou bisulfure de fer qui se dépose sur elle par un phénomène absolument identique à celui que l'on observe dans la galvanoplastie.

Mais dans un milieu calcaire, par un phénomène semblable, les éléments calcaires sont amenés sur l'animal autour duquel ils s'épaississent en formant une sorte de boule. Il faudra donc savoir reconnaître la nature exacte de ces masses, les fendre d'un coup de marteau pour dégager le fossile qui s'y trouve inclus. Toujours il faut frapper de manière à ouvrir la masse suivant son plus grand diamètre. C'est ainsi que se sont formés dans certains points du terrain crétacé ces loupes ou rognons de phosphates de chaux, autour d'éponges ou autres organismes marins, et l'on sait l'importance que ces phosphates tiennent aujourd'hui dans l'industrie.

Tous les fossiles sont loin de s'être conservés de la sorte, et beaucoup, au lieu de laisser un moule dur et solide qui est une figuration plus ou moins solide, en pierre, de leur individu, ne laissent au contraire qu'un *moule creux*.

« Il ne faut pas se hâter, dans ce cas — recommande M. Filhol aux voyageurs du Muséum — de conclure que l'échantillon n'a aucune valeur paléontologique ; il peut, au contraire, en posséder une très grande, comme l'ont montré tout dernièrement les remarquables découvertes accomplies par M. Newton en Angleterre. Il arrive souvent que les parties molles des animaux ayant été décomposées, puis remplacées par le sédiment en formation, les parties calcaires de ces fossiles se trouvent à leur tour dissoutes par des agents chimiques ; il ne subsiste plus, dans ce cas, que la masse du sédiment qui a pénétré et durci à l'intérieur. On a affaire alors à des moules internes. Dans d'autres cas le fossile ne laisse dans la roche que son moule externe, et cela quand il a été entièrement dissous après la formation du sédiment. Si l'on vient à remplir la cavité ainsi formée par une matière étrangère, on obtient un modèle du fossile auquel elle correspond. C'est en procédant de cette manière, que M. Newton..., après avoir découvert, dans les terrains triasiques d'Angleterre, des concrétions creuses, a reconnu qu'elles constituaient le moule externe de diverses parties de reptiles très curieux. »

Il est certaines roches qui, plus que riches en fossiles, en sont en vérité complètement formées, comme ces calcaires composés entièrement de minuscules coquilles, fusulines et autres espèces. C'est en examinant avec soin ces roches à la loupe que l'on se convaincra de leur nature singulière. D'autres, très friables, sont composées de coquilles microscopiques ayant appartenu à des foraminifères, de carapaces, d'algues. Ainsi les étuis accumulés des diatomées siliceuses formant le *tripoli*.

Un mode de fossilisation très important est celui dû aux sources incrustantes dont les eaux chargées de principes siliceux ou calcaires servent de vrai « milieu pétrificateur ». Les premières agissent d'une façon toute particulière, car elles substituent la silice aux éléments organiques des plantes soumises à leur action ; le végétal se trouve ainsi reproduit dans toute son intégrité comme on l'observe dans les magnifiques fossiles du terrain houiller de Grand'Croix près de Saint-Étienne. Les eaux calcaires forment des travertins ou des tufs où les organismes engagés perdant lentement leur substance laissent des moules creux dans lesquels on peut injecter du plâtre fin ; on obtiendra ainsi de magnifiques épreuves. Des phénomènes de même nature sont produits par le phosphate de chaux, soit que la matière incrustante se substitue à l'animal pour former une reproduction directe, soit qu'elle en forme un moulage. Souvent encore les deux ordres de phénomènes s'étant produits sur un même fossile, on trouve dans le même gisement l'épreuve et la contre-épreuve de l'animal.

Les empreintes laissées par les organismes plats, animaux ou végétaux, sont presque toujours d'une grande netteté. Les roches feuilletées en présentent souvent de superbes. « On peut distinguer — dit M. de Lapparent — dans la classe des empreintes, *les empreintes organiques*, qui ne sont en réalité qu'une sorte de moule externe, comme les impressions laissées par des feuilles, des fleurs et des insectes ; et les *empreintes physiologiques*, qui sont les vestiges de l'activité organique des êtres disparus. A cette dernière catégorie appartiennent les *trous* creusés dans les roches

par les animaux *lithophages*[1] (et souvent remplis après coup par
un sédiment), les *perforations* des tarets, les *tubes* servant à
l'entrée et à la sortie des *annélides* dans un sédiment sableux ou
vaseux, les *pistes* laissées par la marche des vers ou des crustacés, enfin les *traces de pas* des reptiles, des oiseaux ou des
mammifères..... Ce phénomène n'est du reste pas particulier au
monde organique. Des *gouttes de pluie* ont laissé leur empreinte
sur certains sédiments vaseux tandis que des dépôts arénacés
nous ont transmis, sous forme de rides à la surface des couches,
les traces de clapotement des *vagues* (*ripplemarks*). »

Récolte des fossiles.

Les principes sur lesquels s'appuie le géologue devront guider
également le paléontologiste dans ses recherches. Avant toutes
choses, il devra bien s'orienter dans la contrée où il veut faire
des recherches, se rendre compte de la nature du terrain, consulter la carte géologique et chercher les emplacements où les terrains ont été mis à nu par des exploitations ou des travaux. On
interrogera les carriers, les glaisiers, tous les ouvriers qui tra-
vaillent à des terrassements et qui connaissent le pays, et on
tâchera de savoir si on a déjà rencontré des coquilles ou des ossements pétrifiés, des empreintes de plantes, au cours des fouilles.
Les paysans sont très souvent au courant de ces sortes de choses,
comme aussi les facteurs ruraux, les employés des ponts et
chaussées, les instituteurs. Quand on aura ainsi appris l'existence
de gisements fossilifères, on s'y rendra et on étudiera bien la
nature du terrain, la direction des couches, et on prendra note de
tout cela.

Quand on verra un fossile enchâssé dans le flanc d'une roche,
on reconnaîtra bien, tout d'abord, à quelle espèce de pierre l'on a
affaire, la façon dont est engagé le fossile. S'il s'agit d'une masse
solide et résistante, comme une grosse coquille, le mieux est de

---

1. Les animaux marins qui percent des trous dans les roches sont certains
oursins, les mollusques des genres pholade, saxicave. lithodome.

la dégager sur place; mais quand on a affaire à de petits échantillons délicats, à des empreintes de plantes, de poissons, de po-
lypiers, il faut détacher la partie de la roche qui les supporte et
l'emporter avec soi.

C'est là, dans tous les cas, un véritable travail de sculpture,
toujours délicat et demandant à être conduit avec une grande
patience. Si le fossile est enchâssé dans une roche plus molle,
plus friable que lui, l'opération est plus facile. Avec le ciseau, sur
lequel on frappe à coups de marteau, on fait sauter des éclats de
la roche tout autour du fossile, en ayant bien soin de ne pas
attaquer celui-ci, ce qui serait très dangereux surtout s'il est
d'une contexture moins solide que la pierre qui l'entoure. Aussi
devra-t-on diriger son ciseau de manière à ce que le coup de marteau ne l'amène pas sur le fossile, et ne pas procéder à petits
coups tapotés en tenant son marteau près du fer, mais bien choisir sa place, y bien assurer son ciseau de la main gauche et
donner un coup de marteau vigoureux et net en tenant le manche
près de son extrémité, ce qui est la seule manière d'avoir de la
précision.

Il ne faudra pas employer la pointe du marteau pour affouiller
la roche; cette méthode serait dangereuse parce que, si habile
que l'on soit, l'on n'est jamais alors absolument sûr de son coup.
Pour travailler les roches dures, le ciseau vaut d'ailleurs beaucoup
mieux. Toutefois, quand on connaît bien la nature de la roche et
ses plans de clivage, on peut employer le marteau pour frapper
vigoureusement, loin de l'échantillon, un ou deux coups secs pour
déterminer des fêlures. Cette pratique est particulièrement utile
quand on est obligé de rapporter un fossile engagé dans sa roche.
Quand on aura pu arriver à enlever le petit bloc qui le supporte,
on le mettra dans le sac, se réservant de reprendre plus tard le
travail à domicile.

C'est en sculptant ainsi avec patience tout autour du fossile
qu'on arrivera à le dégager. Il est inutile de se piquer d'une
grande régularité dans ce travail, et il vaut mieux laisser après
l'objet une enveloppe de pierre que de s'exposer à le briser en le
nettoyant sur place. Les plus grandes précautions doivent être
prises quand on arrive à la fin de l'opération, car rien n'est plus
mortifiant que de voir l'échantillon que l'on avait mis plusieurs

heures à dégager se détacher tout à coup, choir sur le sol et s'y briser en mille fragments qui défient l'assemblage du plus habile réparateur. Aussi, quand on se trouve en présence d'un fossile vraiment intéressant, mais fragile et pris dans une roche dure, je recommanderai tout naturellement d'apporter les plus grandes précautions, mais encore de se munir d'une grosse pelote de mastic ordinaire de vitrier avec quoi l'on fixera le côté dégagé du fossile, à la roche qui le supporte. On aura commencé alors à sculpter la pierre tout autour, puis à dégager la face inférieure, puis les côtés, de manière à ce que le fossile ne tienne plus que par le haut et sa face adossée au fond de la cavité ménagée tout autour de lui au ciseau. On remplira alors tout le vide inférieur avec du mastic qui prendra aussi la face extérieure du fossile et on continuera le travail jusqu'à détacher complètement l'objet qui, soutenu par le mastic, ne tombera pas à terre.

Pour les fossiles dont la contexture est fragile, il faut user de grandes précautions. M. Filhol a fait à cet égard des recommandations que nous devons citer : « Par suite de leur séjour au milieu de sables, de marnes, d'argiles, ils sont d'une friabilité extrême et demandent des soins tout particuliers pour pouvoir être dégagés. Quelquefois ils sont même dans un tel état de friabilité qu'on ne saurait songer à les soulever de la couche où ils reposent. Dans ce cas, il faut, comme nous l'avons pratiqué dans divers gisements et d'une manière toute particulière à Sansan (Gers), tailler dans le sol une forte motte, comprenant l'échantillon qu'on désire posséder. On détache la motte en glissant, à sa partie profonde, un couteau à lame longue et large. Lorsqu'elle est isolée, on la transporte dans un endroit sec. Au bout d'un certain temps, elle a perdu, ainsi que la pièce fossile qu'elle contient, toute son humidité, et l'on peut songer à consolider celle-ci par des procédés divers. »

Pour enlever ces mottes de marne ou de glaise, il faut employer de grands couteaux à lame large et plate; et si l'on se trouve dans une carrière où il y ait des ouvriers glaisiers, le mieux est de leur proposer un salaire pour mener à bien l'opération qu'ils feront facilement avec leurs outils spéciaux. Quand on explore un terrain argileux ou marneux, riche en petits fossiles, la meilleure manière de recueillir les échantillons consiste à détacher d'abord les mottes qui les renferment, puis à débiter celles-ci en minces fragments avec un couteau. De ces fragments on fait de petits tas que l'on met, si possible, sur un terrain perméable, sablonneux, exposé au soleil et à la pluie. Au bout de quelques jours, sous l'eau et la chaleur, les fossiles se séparent de la pâte où ils sont engagés et tombent en bas du petit tas, où on les recueille facilement. Le tamis peut être utilement employé pour cette opération, et si l'on a un jardin, on peut y transporter ses mottes de marne, les débiter, les exposer sur un tamis pendant tout le temps nécessaire, les laver à grande eau et récolter les fossiles à loisir.

Nous ne parlons que pour mémoire des recherches à entreprendre dans les cavernes à ossements, car ce sont des expéditions toujours très coûteuses, souvent dangereuses et qui demandent des connaissances spéciales en paléontologie. Elles nécessitent aussi un grand personnel et rentrent dans la catégorie des grandes fouilles.

On ne saurait trop recommander d'emballer avec soin dans du papier ou des vieux chiffons les fossiles que l'on recueille. Les plus petits seront placés dans des boîtes à pilules ou des tubes en verre à fond garni de coton. On fera bien de mettre à chacun d'eux un numéro d'ordre répondant à l'assise dans laquelle on les a trouvés.

Conservation des fossiles.

Quand on est rentré chez soi avec les objets recueillis, une autre besogne s'impose et qui n'est pas la plus facile, c'est celle qui consiste à préparer définitivement les fossiles, à les débarrasser des débris de leur gangue pierreuse, à les recoller s'ils sont endommagés.

L'outillage du paléontologiste se rapproche un peu de celui du ciseleur et les procédés qu'ils emploient sont les mêmes. Un bon étau solidement fixé à un établi ou à une table, des jeux de ciseaux à froid et de petits burins, des marteaux plus ou moins légers, tels sont les plus utiles.

Quand on veut nettoyer un fossile des pierres qui l'encroûtent il faut le fixer dans l'étau entre deux planchettes épaisses de liège, deux mordaches en plomb ou deux morceaux de bois revêtus de cuir très épais et mou, et, ce qui vaut mieux, de nombreuses épaisseurs de peau de vieux gants. L'objet bien fixé, on débarrasse la surface avec des coups de ciseau poussés par le marteau. Qu'on ne s'y trompe pas, ce travail est des plus longs; certaines pièces, pour être bien préparées, demandent plusieurs mois de travail. Et ce travail est encore facile quand le fossile est dur et résistant, mais quand on a affaire à des coquilles ou des ossements friables il faut apporter les plus grandes précautions et user de divers artifices. D'abord on doit laisser sécher longuement ceux qui paraissent spongieux et humides, sans quoi ils tomberaient souvent en poudre, et c'est seulement quand ils sont bien secs que l'on peut songer à les consolider. Pour les ossements, le blanc de baleine fondu donne les meilleurs résultats.

Les instructions du Muséum recommandent d'en user de la manière suivante :

« Quand on emploie le blanc de baleine, il faut le porter à une température très élevée, et l'on reconnaît qu'il est assez chaud, lorsqu'il dégage d'abondantes vapeurs. Si l'on craint que la pièce ne soit pas tout à fait sèche, on peut l'arroser avec de l'alcool auquel on met le feu. Au moment où ce liquide a fini de brûler, on plonge un tampon, formé de linges et d'étoupes, dans le blanc de baleine fondu, et l'on badigeonne avec celui-ci les surfaces osseuses libres. On fait pénétrer, le plus possible dans l'os, la substance grasse.

« Il peut arriver que tout l'os s'imbibe durant le cours d'une première opération; mais s'il est volumineux, ou s'il s'agit d'une pièce telle qu'une tête, il n'y aura qu'une de ses parties dont la conservation sera assurée. Il faudra alors dégager avec précaution et progressivement celles qui sont restées dans la gangue, et l'on procédera à leur égard comme on l'a fait précédemment. En agissant ainsi d'une manière graduelle, on arrive, au bout d'un certain temps, à isoler toute une pièce et à la mettre dans un état tel, qu'on est sûr de la conserver. Si, au lieu de se servir du blanc de baleine, on emploie l'encollage, on procédera d'une façon exactement semblable à celle que nous venons d'exposer. L'encollage se fait au moyen de colle de Givet, qu'on fait fondre dans l'eau ordinaire. La solution doit être un peu concentrée, et il faut l'appliquer très chaude. On en imbibe les os jusqu'à ce que ceux-ci n'absorbent plus de liquide. »

On comprendra donc que, toutes les fois qu'on à affaire à un fossile qui paraît fragile, il vaut mieux l'enlever avec sa gangue, quitte à l'encoller et à le travailler longuement à domicile où l'on a tout son temps devant soi.

Pour réparer les fossiles brisés, on a préconisé diverses colles, nous avons donné (page 113) la formule de celle que nous considérons comme la plus pratique. Mais, pour recoller des ossements ou des organismes de cette nature, la meilleure substance est assurément le mastic inventé par Stahl, qui dirigea pendant trente ans l'atelier de moulage du Muséum. Ce mastic se fabriquera avec les substances suivantes :

<pre>
Cire vierge . . . .   1 kilogramme.
Résine arcanson. . . . .   0 kilogr. 250.
Plâtre fin à mouler. . . . . .   3 kilogr. 650.
</pre>

On fait fondre ensemble, au bain-marie, la cire et la résine en les remuant doucement; quand elles forment un liquide bien clair, on y jette le plâtre, pincée par pincée, toujours en remuant longuement, et en chauffant toujours. Cette préparation est extrêmement délicate et demande beaucoup de temps, car on doit agiter la mixture après chaque pincée de plâtre ajoutée. On laisse refroidir la masse, on la divise en morceaux et on la fait réchauffer au fur et à mesure des besoins dans un vase où on remue bien le mastic jusqu'à ce qu'il soit devenu fluide. On l'emploiera alors, au moyen d'une spatule, pour recoller ensemble les parties brisées.

Collection de fossiles et de roches.

Cette collection ne demande pas un grand matériel. Les échantillons, taillés autant que possible de dimensions égales et régulières s'il s'agit de roches, proprement et régulièrement s'il s'agit de pierres portant des empreintes fossiles, seront conservés dans des boîtes en carton plates et sans couvercle, carrées ou oblongues.

On conservera ces étiquettes dans des tiroirs et on étiquètera
avec soin chaque échantillon. Un numéro d'ordre sera collé avec
de la colle forte sur l'objet lui-même, et une étiquette collée
sur un des côtés de la boîte indiquera le nom spécifique et la
localité. On aura avantage à employer des étiquettes
un peu hautes et qu'on inclinera légèrement, de manière
à ce qu'on puisse les lire facilement.

Les échantillons délicats seront conservés dans des
tubes de verre garnis de coton à leur fond et bouchés avec un tampon de coton. Ainsi l'on conservera
les petits fossiles, les cristaux délicats, etc. Certains
amateurs montent leurs cristaux sur des griffes en fil
de cuivre ou d'acier verni; on peut fabriquer soi-même
ces instruments avec un étau fixe, une lime et une
fine scie à repercer. On prend un fil de cuivre de la
grosseur d'un cure-dent, on le fixe dans l'étau, progressivement on le refend une première fois dans toute
sa longueur; on reprend l'opération dans l'autre sens
de façon à ce que la section coupe la première à angle
droit. On recourbe les extrémités en griffe et l'on prend
le cristal entre elles. Il sera bon de faire un petit anneau en cuivre
qui serve de curseur et fasse resserrer les branches (*fig.* 166).
On arrondira l'extrémité restée entière de la tige, en façonnant
un petit bouton, à moins qu'on ne préfère la tailler en pointe et
la fixer dans un petit socle de bois. On peut très facilement fabriquer de semblables supports avec des portecrayons en cuivre.

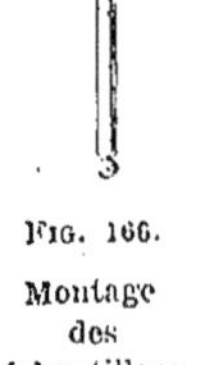

Fig. 166.

Montage
des
échantillons
délicats.

TABLE DES MATIÈRES

Paris. — Imp. LAROUSSE, rue Montparnasse, 17.